U0489778

美丽中国

长城国家文化公园

吴若山 ◎著
南方 王俊宇 ◎绘

石油工业出版社

图书在版编目（CIP）数据

美丽中国. 长城国家文化公园 / 吴若山 著. 南方、王俊宇 绘. 北京：石油工业出版社，2025.5. --（在这里读懂中国）. -- ISBN 978-7-5183-7434-2

Ⅰ. S759.992

中国国家版本馆CIP数据核字第2025P0D649号

美丽中国．长城国家文化公园

吴若山　著　　　南方、王俊宇　绘

出版发行：石油工业出版社
　　　　　（北京市朝阳区安华里二区1号楼 100011）
网　　址：www.petropub.com
编 辑 部：(010) 64253667
营销中心：(010) 64523633
经　　销：全国新华书店
印　　刷：北京中石油彩色印刷有限责任公司

2025年6月第1版　2025年6月第1次印刷
787毫米×1000毫米　开本：1/16　印张：9
字数：35千字

定　价：98.00元
（如发现印装质量问题，我社图书营销中心负责调换）
版权所有，翻印必究

推荐序（一）

守住历史根脉，让过去也拥有未来

长城、长江、黄河、大运河，这些伟大的地理标识，在地球版图上蜿蜒伸展，于华夏历史中书写着不朽传奇。它们是大自然的雄浑杰作，更是千百年来中华民族坚韧不拔精神的生动象征。

从中华文明有文字记载伊始，无论是殷墟甲骨上刻下的"朕东行至河"，还是商朝大军渡黄河的古老记录；无论是长江流域稻田遗址中炭化的稻谷，还是"孟姜女哭长城"的千古传说；无论是山海关城楼上精美绝伦的砖石雕刻，还是大运河沿岸孕育流传的苏绣、皮影、船歌等非物质文化遗产，每一处历史的印记，都深深镌刻着长城、长江、黄河、大运河与华夏大地相依相偎、守护滋养的痕迹，它们是岁月的见证者，也是文明的传承者。

时光悠悠流转，长城不再是抵御外敌的坚固壁垒，长江、黄河不只是母亲河温柔的低语，大运河漕运往来的繁忙也已化作历史深处的动人诗篇。在新时代的浪潮中，作为中华优秀传统文化重要标识的长城、长江、黄河、大运河，正实现着深刻的角色转变，从过去主要凭借自然形势与物理形态发挥基础性保障功能，迈向深度承载文化传承使命的全新阶段。而国家文化公园的建设，正是对这一历史文化价值传承与弘扬的生动实践，具有厚重的历史、文化与精神价值。

这套《美丽中国·国家文化公园》系列书籍，开启了一场追寻历史根脉的奇妙旅程，深入探寻长城、长江等伟大载体的生命演进历程与文化发展脉络。书中既有"长城简史"这般跨越漫长岁月的宏大回顾，也不乏"三千逝水三千诗""大运河畔非遗明珠"这样细腻入微的刻画。作者巧妙地在宏大历史格局与深刻精神追求之间寻得平衡，以翔实史料铺陈故事，用动人文字传递情感。读者翻开书页，便能触摸到中华文明强劲的脉搏，走进中华民族最深处的文化记忆，内心涌起强烈的民族自豪感。此外，全书采用文字与图片相得益彰的呈现方式，文字简洁凝练、通俗易懂，配图质朴贴切、生动形象，为读者带来愉悦的阅读享受与高雅的审美体验。

让过去也拥有未来。文化遗产不仅是往昔岁月的珍贵见证，更是未来发展不可或缺的基石。青少年作为文化遗产传承与创新的中坚力量，肩负着推动未来发展的重任。衷心希望青少年读者们通过阅读这套丛书，我们能够更加深入地认识历史、守护历史，将个人融入时代发展的洪流，唤醒内心深处中华文化基因的强烈共鸣，主动扛起传播文化遗产的时代使命，积极探索文化遗产的创新表达方式，赋予文化遗产新的生命力，在共读、共赏、共创的过程中，不断增强民族凝聚力与文化自信，让古老的中华文明在新时代绽放更加夺目的光彩。

王晓峰

中国非物质文化遗产保护协会会长、文化和旅游部原党组成员

推荐序（二）

书中自有锦绣河山，文脉绵长映华章

身为艺术研究者，我深知艺术与文化乃民族精神之基石，其滋养与塑造之力，无可估量。今日偶得《美丽中国·国家文化公园》丛书，其深厚的文化底蕴与中华美学之精髓，如清泉般涤荡心灵，令我震撼不已。

此丛书非仅是对中华大地自然与人文景观的一次壮丽巡礼，更是对中华美学的一次深情回望与传承。长城之巍峨、长江之浩渺、黄河之奔腾、大运河之旖旎，这些地标性的中华景观，在书中被赋予了鲜活的生命，它们不仅是地理的坐标，更是讲述中国故事、传递中华文化的重要载体。书中细腻的笔触、生动的描述与朴拙的插画，将读者引入了一个跨越时空的梦幻之境，让人仿佛置身于那些古老的岁月，亲身感受那份属于中华民族的独特韵味与魅力。

对于青少年而言，这套丛书无疑是一套珍贵的审美教育读本。它不仅能引导青少年学会欣赏与创造美，提升他们的美商，更能激发他们的文化自信，让他们在纷繁复杂的多元文化世界中，坚守对民族文化的认同与弘扬。这份自信，如同明灯，照亮他们前行的道路，让他们在文化的海洋中不迷失方向。

此外，丛书还特别关注了长城、长江、黄河、大运河及其周边的非遗保护。这些地区孕育了丰富的非物质文化遗产，是中华文化的重要组成部分。通过深入挖掘和整理这些文化资源，丛书为非遗的传承与保护提供了新的视角和思路，这对于维护中华民族的文化多样性和促进文化繁荣具有重要意义。

正如我于"长江对话黄河：新时代大河文明保护传承弘扬研讨会"中所言，"国家文化公园是我国独创的文化理念，这样一个举全国之力的伟大工程，正体现了'系统性、整体性保护'思路"。这套丛书正是对这个观点的完美诠释，它展示了中国历史、文化和民族的"一体化"的过程，传递了平等、平静、平和之心，更彰显了维护、珍爱和平之魂。愿读者在阅读中，不仅能领略到祖国的锦绣河山，更能触摸到那条绵延不绝的文化源流，感受到那份深沉而炽热的文化情怀。

韩子勇

国家文化公园专家咨询委员会总协调人，中国艺术研究院原院长

推荐序（三）

山河为卷，镌刻中华文明的永恒坐标

在中国这片古老的土地上，长城蜿蜒如青龙盘踞，长江奔涌似碧波热血，黄河咆哮如雄浑之魂，大运河静默如历史之脉——这些承载着五千年文明基因的符号，不仅是地理的坐标，更是精神的图腾。《美丽中国·国家文化公园》丛书的问世，如同一场跨越时空的文化对话，将山河的壮美与文明的深邃熔铸于笔墨之间。

该丛书是一套以国家文化公园为主题的科普读物，通过文字与手绘插图的结合，向读者描绘了中国自然与人文景观的壮丽画卷，揭示了这些文化符号承载着深厚的历史记忆。

丛书无论是面对雄关漫道的长城，还是奔腾咆哮的长江黄河，或是蜿蜒曲折的大运河，作者没有止步于对自然奇观的刻画，而是从历史和社会发展的角度出发，解构长城、长江、黄河、大运河与推动农业、商业、手工业的密切关系，通过细腻的笔触和真挚的情感，进一步展现了中华文化的连续性、创新性、统一性和包容性。

作为一个在长江边出生长大的人，笔者永远记得一些画面：江水的浩浩汤汤、奔流不已；江面的辽阔疏朗、水天一线；江岸边动植物的勃勃生机、一年四季都呈现出不同的气象；芦苇荡的茂密，码头的繁忙，渔船在江面拼搏的姿态……笔者一直记得，在毫无文化储备和基本常识的童年，总喜欢盯着空茫寥廓却又包罗万象的江面，一站便是半个时辰乃至更久。这是大自然给予的启示，随着时间流逝，这份源自自然的启示开始和国家民族、历史文化融合在一起，成为一个中国人独有的经验。虽然我没有在大运河、黄河和长城一带长期生活，但这些地方早已成为我精神世界的坐标，深刻塑造着我的认知广度与思想深度。每个中国人都是这样，长城、长江、黄河、大运河，当然还有更多的名山大川，一道构成了我们独特的精神空间，这个精神空间在全世界都是独树一帜的，有着深邃和博大、有着不竭的生机和惊人的韧性，更有着一种超越的高度。中华文明的载体有多个种类，"长城、长江、黄河、大运河国家文化公园"可以说是最真实有形的，也是最为亲切可感的，它们不仅是可触可感的现实存在，更让每个公民得以亲临体验，甚至栖居其间。因此，《美丽中国·国家文化公园》丛书对笔者个人而言，有着多种的意义：熟悉的部分是回忆，陌生的部分是心之所向、行之所往。既是作为一个中国人的自我确认，更是丰富的知识介绍和览胜指南。

更为关键的是，这套书可以说便是对"何以中国"最诗意的回答——因为在这里，每一粒尘埃都沉淀着历史的重量，每一朵浪花都跃动着未来的光芒。它提醒着我们：当出版人选择以山河为卷、以文明为墨时，笔尖流淌的便不仅是文字，而是一个民族对自身来路与去处的深沉思考。这或许正是这个时代最需要的出版品格：在商业逻辑喧嚣的浪潮中，始终锚定文化的根脉，让永恒的价值在纸张上重生。它可以给广大的读者一种引领：在科技尤其是人工智能如火如荼的当下，我们的孩子，以及所有的成年人，既要勇敢面向未来，同时也要扎根祖国大地，凸显民族精魄。"越是民族的，就越是世界的"，这套丛书都对这句话做出了精彩的阐述。

一方面，该套丛书具备凝聚标识的作用：长城作为中华民族的象征，凝聚了自强不息的奋斗精神和众志成城的爱国情怀；长江与黄河则是中华民族的母亲河，孕育了灿烂的中华文明；大运河则沟通南北，推动了中华民族多元一体的文化融合。另一方面，也具备了抢救性整理与创新传播的意义：四大文化带涉及大量非遗、古迹、文献等亟待系统性保护的内容，丛书通过图文结合、专家解读等方式，记录濒危文化资源，实现了"传统IP的当代转化"。

该套丛书不仅是出版物，更是国家文化记忆工程的重要组成部分。它将以出版之力，推动中华文明标识从"历史符号"升华为"时代精神"，在文化自信与国际传播中发挥不可替代的作用。我相信，这套丛书将引领各位读者一起走进这些文化公园，开启中华文化精神的深刻探索，用心聆听历史的声音，用情感受自然的美丽，用行动守护这片神圣的土地。

江苏凤凰文艺出版社副总编辑、知名作家

文脉寻踪：国家文化公园的中华情怀

自 2019 年在《人民日报》发表"建设好国家文化公园"的时评以来，我与国家文化公园的缘分便悄然生根，愈发深厚。长城、长江、黄河、大运河，这些不仅仅是中华大地上的壮丽景观，更是中华民族文化与精神的璀璨明珠。它们见证了历史的风雨沧桑，承载了厚重的历史与丰富的文化，如今正以全新的姿态，向世界展示着美丽中国的独特风采。

撰写这套书的初衷，源于对这片广袤土地上深厚文化底蕴的热爱与敬仰。每一处风景，都如同一位长者，静静地诉说着动人的故事；每一座古迹，都是一部史书，承载着民族的记忆与荣耀。长城的雄伟，不仅仅是抵御外敌的坚固防线，更是中华民族团结一心、坚韧不拔精神的象征；长江、黄河，这两个中华文明的摇篮，以其奔腾不息的姿态，诉说着中华民族的源远流长与生生不息；大运河，则像是一条历史的纽带，连接着南北，见证了中华民族对自然的智慧利用与改造，承载着丰富的历史文化与民俗风情。

在文字的描绘上，我努力寻找一种折中的方式，既要说清楚大概念，又要不可失了趣味。不仅展现自然景观的壮丽，更深入挖掘其背后的历史渊源、人文故事与文化内涵。我希望通过这种穿越时空的对话，能让读者对传统文化产生共鸣与敬畏，让中华文化的自信心与自豪感在内心深处日渐茁壮。

在插图的创作方面，我们的插画师们追求传统与现代的融合，每一幅都力求展现传统美感的同时，又融入现代元素，使古老的文化跃然于纸墨，焕发出新的生机。我们希望通过这些精美的插图，让读者在视觉上也能享受到一场文化与美学交融的盛宴，直观感受到中华大地的美丽与神奇。

这套书，不仅是对中华大好河山的展示，更是对中华民族文化的一次深情礼赞。我们希望通过这套书，让更多的人了解并热爱这片土地，感受中华民族文化的博大精深与独特魅力。同时，我们也希望为推进国家文化公园建设贡献一分力量，让更多的人在阅读中听到文化之声、看见文化之美、领悟文化之韵。

在这套书近两年的创作过程中，家人给予了我极大的支持，在此特别致谢。我的父母虽不是文学的生产者，但有了他们，我才得以率性闯入文旅世界。我的妻女毫无保留地支持我将时间、精力花费其中，并担当起初稿的阅读者、建议者，谨以此书赠予她们。

吴若山

二〇二五年仲夏

第一章

長城簡史 万里长城千年修

1. 长城缘起多争鸣 — 6
2. 为止干戈修院墙 — 10
3. 移民兴边卫长城 — 16
4. 民族融通更多元 — 20
5. 华夏龙脊傲东方 — 24

第二章

蜿蜒巨龙 万里长城万里长

1. 长城独步古今绝 — 32
2. 万里长城永不倒 — 36
3. 山海情深跨万里 — 42
4. 一关一台总关情 — 46
5. 都司卫所驻雄关 — 50

第三章 长城遗迹 连接文明的纽带

1. 长城脊背上的『地理烙印』 54
2. 长城沿线的『非遗明珠』 56
3. 长城滋养的『宝藏资源』 58
4. 长城串起的『城市灯火』 62
5. 相伴而生的『丝路长城』 66

第四章 民族脊梁 雄关胜迹赋传奇

1. 读懂边塞的豪情与乡愁 74
2. 聆听动人的民间传说 76
3. 征战长城的传奇人物 78
4. 流传边关的民间技艺 82
5. 和合共生的华夏民族 86

第五章 玩在长城 吃喝玩乐潮出圈

1. 镜头下的长城　92
2. 舌尖上的长城　96
3. 长城的特色产物　100
4. 长城的博物馆藏　104
5. 长城的时尚活力　108

第六章 守护万里长城 赓续中华文脉

1. 擦亮长城世界文化遗产『新名片』　114
2. 走进长城国家文化公园　118
3. 长城无界，『云』游无限　122
4. 情系中华，共筑长城梦　126
5. 走向世界的『新』长城　130

参考资料　134

第一章

長城簡史：万里長城千年修

A Brief History of the Great Wall: Millennia of Construction

1. 长城缘起多争鸣

2. 为止干戈修院墙

3. 移民兴边卫长城

4. 民族融通更多元

5. 华夏龙脊傲东方

一提到"长城",你可能会想到那些著名的景点,比如八达岭、山海关,还有那句"不到长城非好汉"。但你知道吗?长城其实是个超级巨大的建筑,中国长城总长度为21196.18千米,涵盖了不同历史时期(西周至明)的墙体、壕堑、关堡等遗存,分布于全国15个省(自治区、直辖市),从东向西,见证了上千年的风云变幻。

那么,长城是怎么建起来的?背后又有哪些精彩的历史故事?对中华文化和世界文明产生了哪些影响呢?

让我们走进长城,在历史的河流中一同感受长城的变迁,探索长城的奥秘。

春

长城简史
万里长城千年修

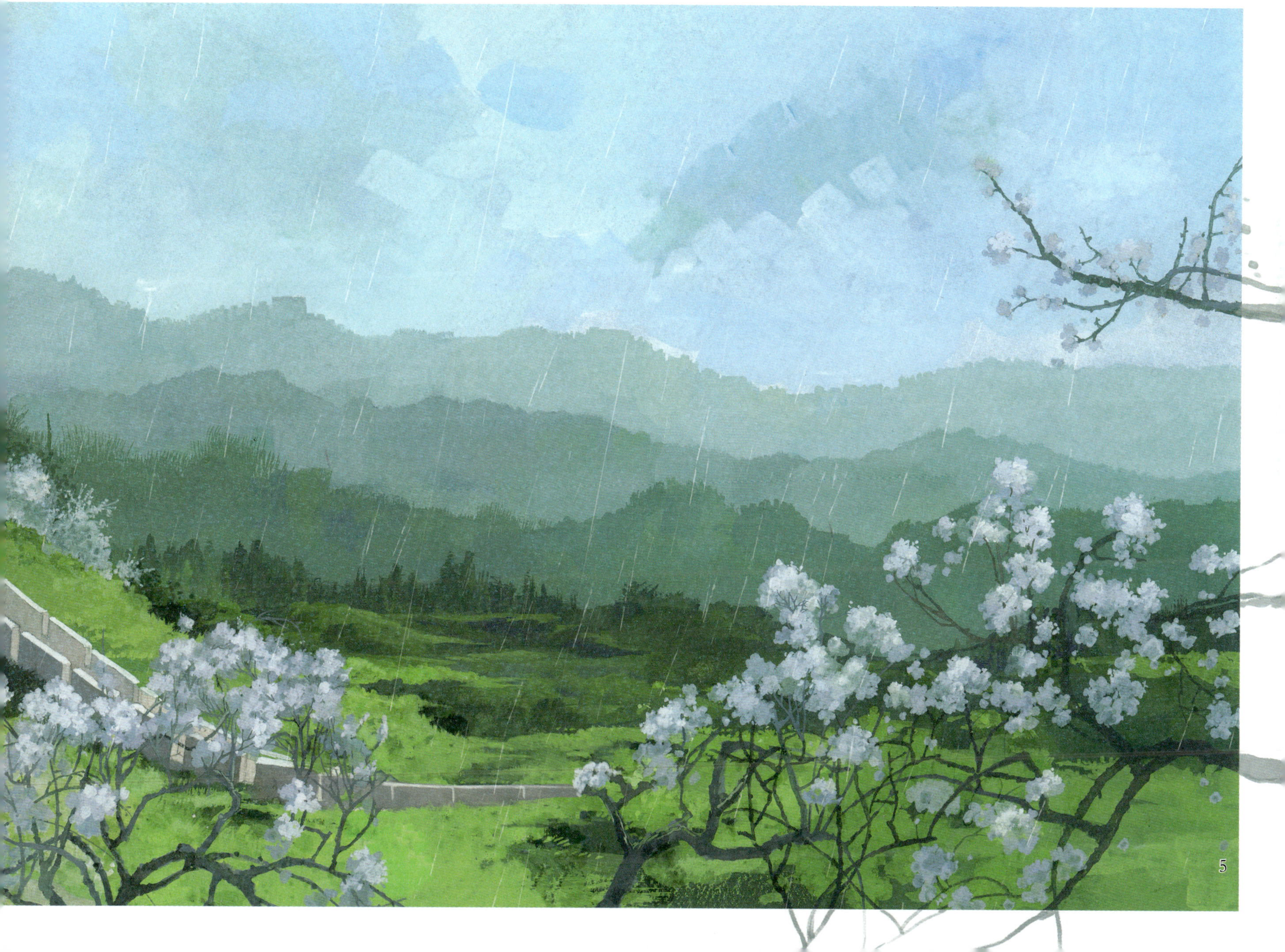

1. 长城缘起多争鸣

长城缘起多争鸣

The Origin of the Great Wall: A Topic of Controversial Debates

探索长城的奥秘，就像翻开一页又一页的古代史书，每一页都充满了惊喜。其中，关于长城的起源，学术界就曾展开过一场激烈的"辩论大赛"，主要分"河堤说""城墙说"和"封说"三派，他们各抒己见，纷纷为自己的观点辩护。

"河堤说"和"城墙说"都把焦点放在了长城的防御功能上，而"封说"则独树一帜，认为长城最初只是一条"边界"。不过，像守护神一样环绕在我国北方的"城墙"概念，得到了大部分学者的点赞。他们认为，长城的历史可以追溯到数千年前，甚至更早的史前时期。在长城沿线的内蒙古中南部、陕北和内蒙古东南部，考古学家们发现了许多古老的石城遗址，它们就像历史的明珠，闪耀着光芒。

但是，我们通常所说的长城，还是要从春秋战国时代说起。那时候，北方的游牧民族时刻威胁着中原的安宁。为了抵抗他们，中原的统治者们纷纷建筑起长城，这就是长城登上我国军事历史舞台的开始。

在《诗经》中，有这样一句话："靡室靡家，狁之故。"这句话揭示了农耕民族修筑城池以防御少数民族侵袭的历史。而"长城"这个词，最早出现在史籍中，描述的就是这段历史。

关于长城最早出现在哪个诸侯国，学术界还有些争论。有的学者认为是在齐国，有的则认为是在楚国。楚国的长城在历史文献中被称为"方城"，它们像一条巨龙，蜿蜒在我国的中原大地。根据推测，这段长城有文字记载的历史，可以追溯到公元前656年的齐楚召陵之盟。而齐国的长城，则在《管子》一书中有着详细的记载，学者据此推测齐长城的修筑年代在公元前685年至前645年之间。还有学者认为，长城最早出现在秦、赵、燕这三个国家。后来，秦始皇统一了六国，在原有长城的基础上，修建了西起临洮、东至辽东的万里长城。

关于长城的起源，目前学者们还没有完全形成统一的认识。但可以肯定的是，长城的历史可以追溯到数千年前，它是我国古代建筑史上的伟大工程。从春秋战国时代开始，各诸侯国为了防御周边他国入侵和抵抗游牧民族的威胁，纷纷修筑起长城。长城见证了中国古代社会的发展和文明进步。

2. 为止干戈修院墙

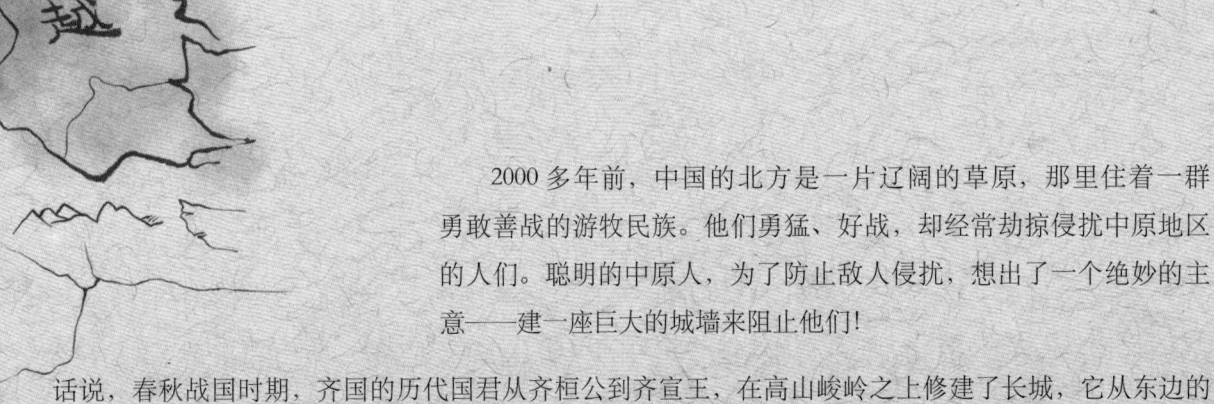

2000多年前，中国的北方是一片辽阔的草原，那里住着一群勇敢善战的游牧民族。他们勇猛、好战，却经常劫掠侵扰中原地区的人们。聪明的中原人，为了防止敌人侵扰，想出了一个绝妙的主意——建一座巨大的城墙来阻止他们！

话说，春秋战国时期，齐国的历代国君从齐桓公到齐宣王，在高山峻岭之上修建了长城，它从东边的海一直延伸到西边的济水，长达千里。《史记·楚世家》引《齐书》中写道："齐宣王乘山岭之上，筑长城，东至海，西至济州，千余里，以备楚。"这里的长城，其实是现存的齐长城。而修建这段长城的目的，主要是为了防止南方诸侯国的侵略。

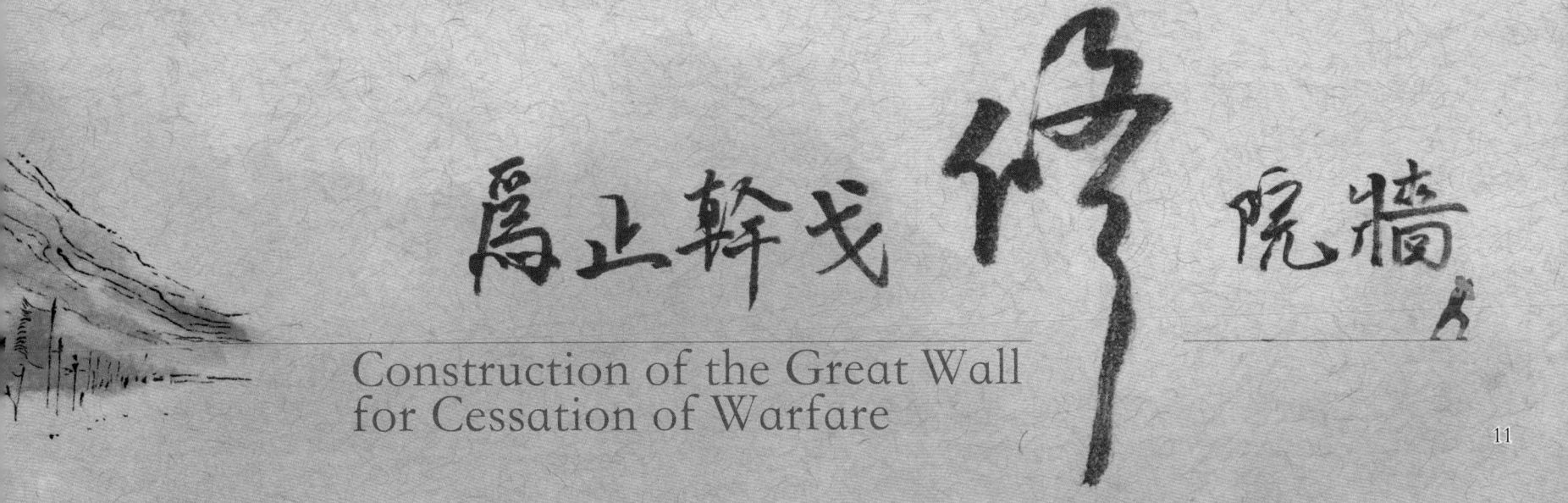

爲止干戈修院牆

Construction of the Great Wall for Cessation of Warfare

史記

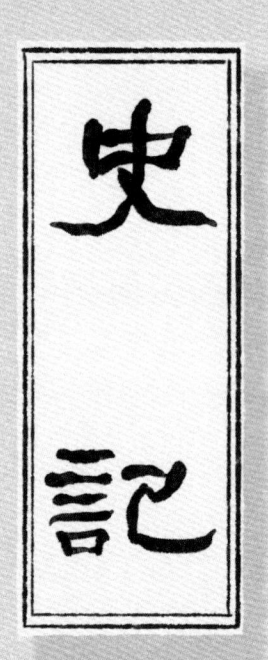

齐宣王乘山岭之上，筑长城，东至海，西至济州，千余里，以备楚。

——《史记·楚世家》引《齐书》

筑长城，因地形，用制险塞，起临洮，至辽东，延袤万余里。

——《史记·蒙恬列传》

秦长城的修建，也是出于同样的目的。秦朝统一六国之后，为了防止匈奴南进，派遣大将蒙恬北上击退匈奴，修筑了西起临洮、东至辽东的长城。司马迁在《史记·蒙恬列传》里就曾这样描述过："筑长城，因地形，用制险塞，起临洮，至辽东，延袤万余里。"是啊，这座长城蜿蜒曲折，长达万里！

可以说，跨越祖国北方的万里长城，是长期战争实践中逐渐形成的军事智慧的凝结。数千年间，各个王朝为了防止来自周边民族的侵略，前前后后都对长城进行了不同程度的修筑。数千年来，如巨龙般蜿蜒在山川之间的长城，见证了我们的历史，保护了我们的文明。

为止干戈修院墙

事实上，在两千多年的历史长河中，除了几次重大的战役，多数时候长城上没怎么打过仗。比如，1449年发生在土木堡（今河北省怀来县东10千米的长城关堡）的"土木之变"，就见证了大明王朝由盛转衰的历史转折点。1644年在山海关（今河北省秦皇岛市）爆发了"山海关之战"，清兵乘势入关并建立起全国性政权，影响了之后三百多年的历史进程。在抗日战争期间，也发生过多次抗击日寇的知名战役，如1933年的"长城抗战"和1937年的"南口战役""忻口战役"等，都见证了中国人民为抗日救亡而付出的巨大牺牲和坚强决心。

此刻，当你站在长城上登高远眺，凭古怀幽，想必古战场的金戈铁马如临眼前。但请不要忘记，和平、和谐、和而不同，既是长城作为伟大军事防御工程历经千年的血色记忆，也是中华民族生生不息在战火纷飞中传承不辍的文化基因，民族的血脉穿透历史，与今天的长城，深深地连接在了一起。

万里长城千年修

3. 移民兴边卫长城

移民兴边卫长城

The Great Wall for Migration and Border Defense

修建万里长城就像是在玩一场巨大的乐高游戏，只不过这个游戏需要的乐高块是实打实的石头和土块，而且没有说明书，全靠自己摸索。想象一下，两千多年前，没有挖掘机，没有起重机，我们的祖先就靠双手和智慧，在劳动力的调配、材料来源、规划设计和施工等方面完成了许多创举，也成功建起了这道横跨山川的伟大工程。

修建长城可不是个小工程，它需要动用大量的人力和物力。首先，军队是修建长城的主力。秦始皇时期，大将军蒙恬在击败匈奴后，使用30万大军戍防，一边打仗一边修墙。而隋朝统治者则在短短28年中，先后7次调发近200万劳力用于修筑长城。除了军队，还需要很多普通百姓来帮忙，各个朝代在修建长城时都有大量被强迫抓去的百姓，秦始皇时期就另有大约50万人被征召来修长城。有些犯人也被派来修墙，在秦汉时期，有一种刑罚叫作"城旦"，主要就是罚犯人去修长城，对他们来说，这可是比坐牢还辛苦的惩罚。

秦时明月汉时关,
万里长征人未还。
但使龙城飞将在,
不教胡马度阴山。

长城蜿蜒，如巨龙穿梭于崇山峻岭间，一砖一瓦皆凝聚着汗水与智慧，山峦为纸，石土作墨，绘制出一幅震撼古今的浩大工程画卷，穿行其间仿佛能听见千年前工匠们沉重的喘息与石块的碰撞，在时空中回响。因为修建长城的战线拉得很长，所以当时采取了"分区、分片、分段包干"的方式，即把长城分成好多段来修，每一段都有专人负责。比如汉朝的时候，河西四郡（武威、张掖、酒泉、敦煌）的长城，就由当地的官员负责修建，官员再把任务一层层分包到各段、各防守据点的戍卒身上。明朝的时候，沿长城设有十一个（原九镇加昌镇、真保镇）重要的军事辖区"镇"，这些"镇"不仅负责防守，还负责修墙和维护。例如，从山海关到居庸关的长城沿线的上千座敌台就是"抗倭名将"戚继光在担任蓟镇总兵的时候修筑的。

修建和驻守长城需要大量的人力和物力，民间苦不堪言。于是诸多文人骚客以墨寄情，留下了很多流传千古的诗词名句和民间故事。孟姜女哭长城，泪洒青史，悲吟长城之役下的家破人亡。秦时民歌《长城谣》悲鸣道："生男莫欢愉，生女或可抚。但见长城下，白骨累如堵。"直斥战祸无情。而王昌龄的《出塞》，以"秦时明月汉时关"，叹"万里长征人未还"，怜将士之苦，亦隐含对和平统一的无尽渴望，文辞间流露的更多的是对那时代苦难的深刻体察与谴责。

但古代的长城诗歌中也不乏对和平的向往、对家乡的眷恋、对英勇守卫的颂扬。它们深刻映现了中华民族之核心精神：仁爱、民本、诚信、正义、和合与大同。这些精神，犹如长城砖石，筑就了民族之伟大与坚韧。

4. 民族融通更多元

民族融通更多元
Diverse Ethnic Integration

长城不仅仅是军事防御之墙，更是历史长河中一座巨大的舞台，在那里演绎着军事、民生与经济交流的多彩篇章。它跨越两千年风霜，见证了华夏民族的兴衰更迭，犹如农耕文明与游牧文明间的纽带，促进了不同民族文化的碰撞、对话与交融，共同织就了中华大地的璀璨文明图景。

民族融通更多元

在历史的悠悠长河中，长城沿线成了农耕与游牧文明交织的璀璨地带，这里文化底蕴深厚、色彩斑斓，是中华民族多元一体格局孕育与发展的生动见证。当年，众多耳熟能详的少数民族如匈奴、突厥、契丹、吐蕃（tǔ bō）、鲜卑、女真、回鹘（hú）、党项、高句（gōu）丽（lí）等，以及诸多神秘的边疆部落如柔然、乌孙、月氏（yuè zhī）、渤海、羯人、吐谷（yù）浑、沙陀、室韦、山戎、肃慎、夫余等，曾在此繁衍生息，交流融合。岁月流转，这些古老民族的血脉汇聚，渐渐演变成今天的藏族、回族、维吾尔族、蒙古族、朝鲜族、满族、羌族、赫哲族、裕固族、鄂伦春族、鄂温克族等少数民族。五十六个民族共融共生的大家庭画卷上，长城无疑留下了不可磨灭的风华一笔。长城不仅见证了汉族与多民族的融合，更在古代贸易交流中扮演着重要的桥梁角色，促进了丝绸、茶叶等商品的互通有无，加深了各民族间的经济联系与文化交融。在唐朝，唐太宗甚至在长城沿线设置了由突厥人管理的督府。在明朝，长城沿线还开通了方便汉蒙两族交易的"马市"。

不仅如此，长城沿线耕牧交错、多民族杂居的"板升"聚落，汉、蒙古等民族共同开设的官办贡市、关市、马市，还有民间形成的民市、月市、小市等，都是民族融合的缩影与见证。在长城的庇护下，古代（如秦汉、唐宋等）汉族与周边各民族通过和平的贸易往来和丰富的文化交流，实现了更加有序与和谐的共处。

历史上各兄弟民族共修长城、共护长城，为形成、巩固和发展统一多民族国家做出了各自的贡献。可以说，长城是游牧民族与华夏族群融合的纽带，也是中华民族多元一体格局形成的见证。

5. 华夏龙脊傲东方

華夏龍脊傲東方

The Great Wall, Spine of Dragon in the East

中华文明有着极为深厚的底蕴，文化遗产更是多得数不清。但要说起哪个最能代表中华文明，大多数人肯定会说是那个赫赫有名的"万里长城"。每次中国人提到长城，都会骄傲得像展示自家宝贝一样，因为它不仅是中华民族的不朽象征，更是我们坚韧不拔历史沉淀的荣耀见证。

华夏龙脊傲东方

中华文明博大精深，文化瑰宝数不胜数，而万里长城无疑是其中十分耀眼的一颗明珠。提及长城，每个中国人心中都涌起自豪之情，仿佛手捧传世珍宝。它不仅是中华民族的标志性建筑，更承载着厚重的历史记忆。

长城之所以被誉为"华夏龙脊"，首先因其形似巨龙跃动于山川之间，蜿蜒曲折，气势磅礴。晨曦初照，阳光洒在青砖灰瓦上，每一块砖石都在轻声诉说着千年的风霜往事。夕阳映照下的长城宛如一条金龙盘踞，守护着这片古老又生机蓬勃的土地，让人不禁感叹大自然的鬼斧神工与人类的伟大创造。

其次，长城是中华文化的活化石，它记录了中华民族从古至今的辉煌与沧桑。在这里，你可以听到历史的回声，看到民族精神的历久弥坚。它见证了无数英雄儿女的悲欢离合，也承载了中华民族坚韧不拔、团结一致的精神力量。长城内外，从来都不缺那些关于勇气、智慧和牺牲的动人故事。

最后，对于世界而言，长城更是一座文化的桥梁，连接着东西方文明的交流与对话。它的宏伟壮观，让全世界为之倾倒，从国际政要、文化名人到商界精英等各路大咖，再到怀揣梦想与好奇的普通游客，无不慕名而来，踏上这段穿越千年的壮丽旅程。在长城的怀抱中，他们共同感受着历史的厚重与辉煌，体验自然与人文的和谐共生；它的精湛技艺，更是让后世建筑师们赞叹不已。长城以其独特的魅力，吸引了无数国际友人的目光，成了他们了解中国文化、感知中国精神的重要窗口。它不仅是中国的骄傲，更是全人类共同的宝贵财富。

第二章

1. 长城独步古今绝
2. 万里长城永不倒
3. 山海情深跨万里
4. 一关一台总关情
5. 都司卫所驻雄关

蜿蜒巨龙：万里长城万里长

The Winding Dragon: The Great Wall Stretching Thousands of Miles

你知道人们常说的万里长城到底有多长吗？国家文物局发布的《中国长城保护报告》权威数据显示，长城的总长度达到了 21196.18 千米，比南极到北极的直线距离还要长！在长城的沿途，你可以看到沙漠、草原、森林、湖泊等多样化的自然景色，观察城墙、敌楼、关隘、烽火台等巧夺天工的建筑奇迹，还可以领略八达岭、慕田峪、居庸关等名头响当当的关口。长城作为人类建筑史上罕见的古代军事防御工程，和意大利罗马斗兽场、印度的泰姬陵等被誉为世界"新七大奇迹"。接下来，让我们一起开启时空旅程，欣赏长城这道雄伟壮观的空间画卷吧。

草原

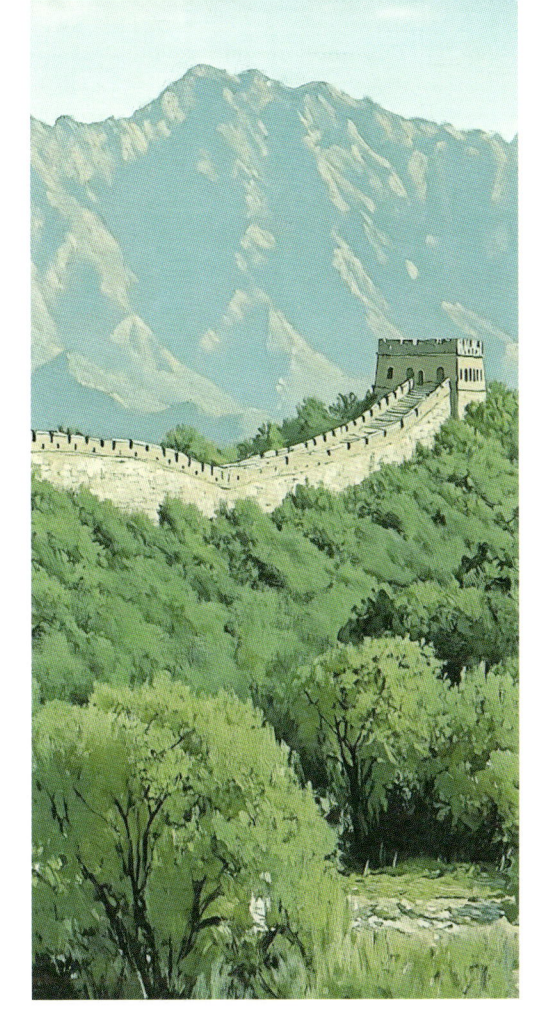

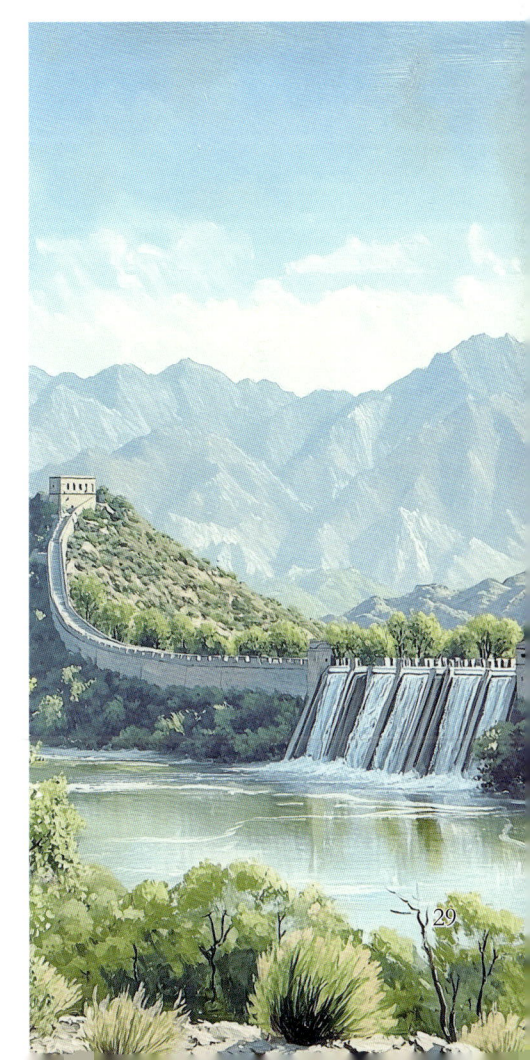

湖泊

绿洲

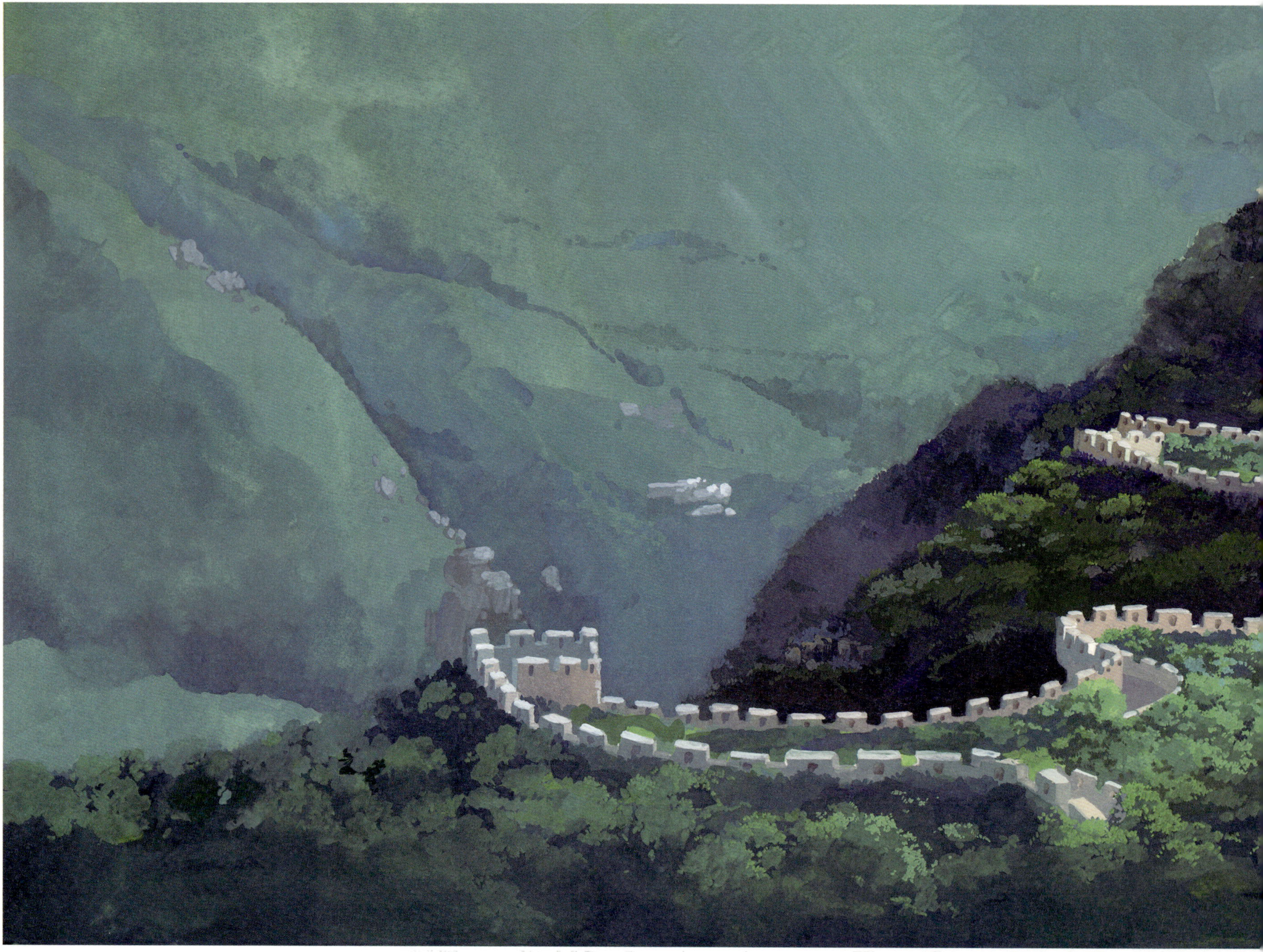

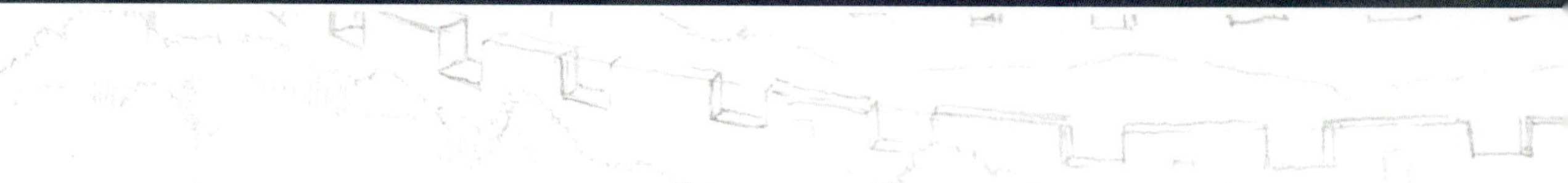

夏

蜿蜒巨龙　万里长城万里长

1. 长城独步古今绝

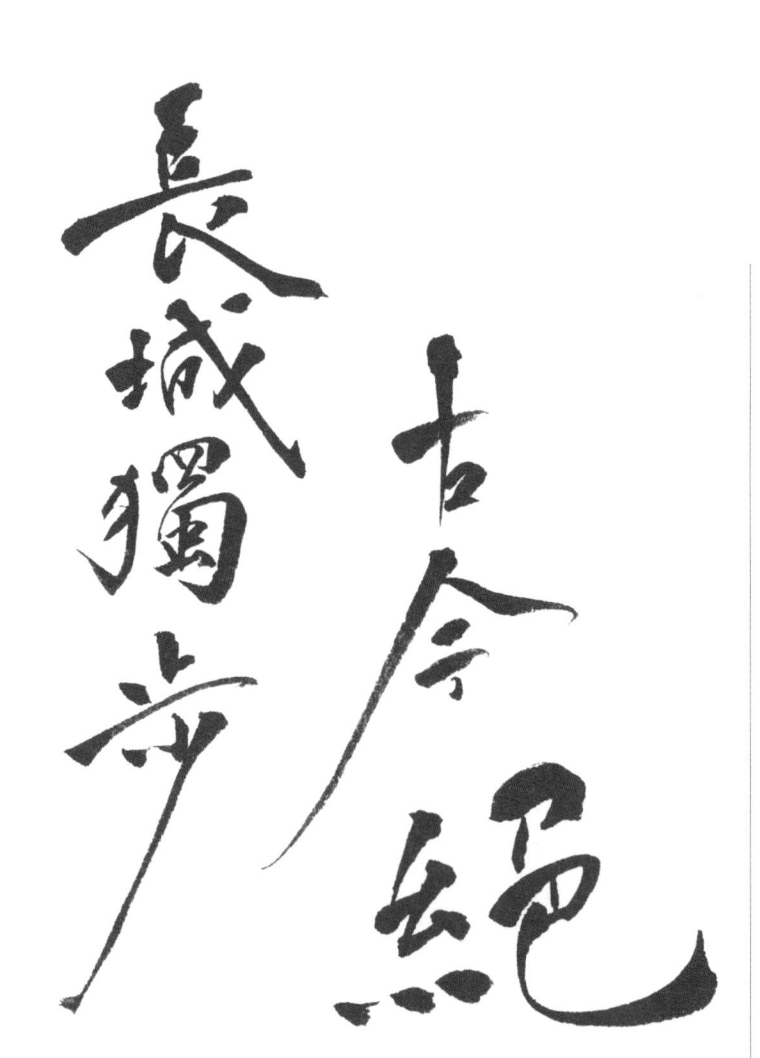

The Great Wall: A Unique Marvel Unparalleled Through Time

长城独步古今绝

城楼　　山峰　　河流

想象一下，从中国的东海岸出发，沿着长城一直走到西部的沙漠，你将遇见古老的城楼、险峻的山峰、曲折的河流，目力所及尽是壮丽山河。

长城是世界上最长的城墙，是人类史上最巨大的单一建筑，号称"中国古代第一军事工程"，是中国也是世界上修建时间最长、工程量最大的一项古代防御工程。长城的"世界之最"，让它不仅是中国的骄傲，也是世界的瑰宝。

万里长城万里长。长城以它惊人的长度与规模，傲立于世界之巅，成为当之无愧的"世界之最"。事实上，除了中国，世界上还有不少国家历史上曾通过修建长城来抵御外敌，如德国的日耳曼长城长约568千米、英国的哈德良长城约长117千米、伊朗的戈尔干长城约195千米，但是，无论它们的长度还是规模，都和我们中国的长城没有可比性。古今中外，凡到过长城的人无不惊叹它的磅礴气势、宏伟规模和艰巨工程。更让人们期待的是，中国长城的长度或许不止于此，文物部门未来还要对长城资源做更进一步的调查统计，这个数字还可能会进一步增加。

万里长城万人筑。长城以城墙为主体，伴有大量的关隘、城台和烽火台相结合的防御性建筑，修建工程浩大无比，其建筑工事之最，规模之宏伟，纵观古今都是难以想象的壮举。根据司马迁的《史记》记载，仅仅在公元前214年，大将蒙恬便奉旨征召30万官兵修建长城，以防御北方匈奴的骚扰。更不可思议的是，大多数的长城城堡或烽火台，都选择在地形险要、人力活动极为受限的地方建造。古时，没有任何机械装备，全靠人工搬运建筑材料进行施工，而工作环境又都是崇山峻岭、峭壁深壑之间，就是在这样的条件下，古代劳动人民运用无与伦比的智慧和技术，修建了长城的城墙、敌楼、关隘、城堡等设施。那连绵不绝的墙体，不仅是世界上最长的人造建筑，更充分展现了古代中国人民的勤劳与智慧。

　　万里长城千年修。长城的建设是一项浩大的工程，从春秋战国开始，中国历朝历代都很重视长城的修建，前后跨越23个世纪，其时间跨度之最也令人称奇。据历史文献记载，中国历史上有20多个诸侯国家和封建王朝修筑过长城。修建长城超过5000千米的就有秦、汉、明3个朝代。经过千年不断地新建和修整，中国长城成为世界上规模最大的文化遗产。

　　毫无疑问，长城既是一座稀世珍宝，也是艺术非凡的文物古迹。它象征着中华民族坚不可摧永存于世的意志和力量，是中华民族的骄傲，也是整个人类的骄傲。长城的存在，深刻映照着中华历史文化的博大精深，坚定着我们对中华民族辉煌未来的信念。

万里长城万里长

长城独步古今绝

2. 万里长城永不倒

萬裏長城永不倒

The Great Wall Stands Forever Unbowed

你听过这首歌吗？"万里长城永不倒，千里黄河水滔滔。"这首《大侠霍元甲》的主题曲深深烙印在无数70后、80后心中，成为那段岁月里最鲜亮的记忆。那你有没有想过，为什么万里长城能做到永不倒呢？

这就要从长城的建筑结构说起了。长城的设计精巧绝伦，结构严谨缜密，每一处都凝聚着古人的智慧与心血。从现在保存下来的长城资源来看，长城建筑总体上由墙体、壕堑/界壕、关/堡等构成。根据调查，我国现存长城资源遗存总数43721处（座/段），其中墙体10051段，壕堑/界壕1764段，单体建筑29510座，关、堡2211座，其他遗存185处。到底精妙在何处？就让我们一起探寻这座千年不倒的建筑奇迹吧。

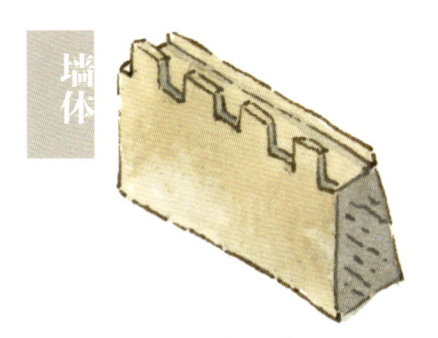

墙体

长城的主体是墙体,蜿蜒曲折,穿越山川河流,尽显雄伟壮观之姿。墙体采用厚重的夯土、砖石结构,砖石经凿刻后垒砌,是古代工匠们的心血与汗水共同铸就了这道坚不可摧的屏障。墙体的高度与厚度随地形和战略需要而巧妙变化,高峻陡峭之处令人敬畏,宽厚坚实之处则如铜墙铁壁。墙体之上,垛口与箭窗交错排列,仿佛无数明亮的眼睛,时刻注视着远方的动态,守护着国家的安宁。

关隘

关隘,则是长城防御体系中的咽喉之地,扼守着交通要道,守护着国家的命脉。有的关隘依山而建,巍峨耸立,峭壁陡峭,令人望而生畏;有的关隘则横跨河流之上,桥梁与栈道相连,构成了一道道坚固的防线。这些关隘的建造,既体现了古代工匠们的巧思妙想,又展现了他们对地形与战略的敏锐洞察力。

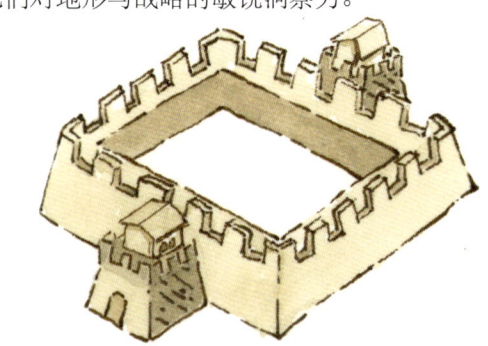

城堡，长城沿线的重要据点。城堡内部设施完善，仓库、兵营、马厩一应俱全，为守军提供了良好的生活和作战条件。城堡设计巧妙且坚固耐用，能够有效地抵御敌人的进攻，守护着国家的安宁与繁荣。

城堡

烽火台，则是长城防御体系中的信息传递系统，它们分布在长城沿线的高山之巅、险峻之地，像是孤独而坚毅的守望者巍然矗立，默默注视着远方。一旦发现敌情，守军便迅速点燃烽火，通过烟雾与火光传递信息。烽火台的建造充分考虑了地形和视线因素，位置选择得当，高度设计合理，确保了信息传递的准确性和及时性。这一系统使得长城防御体系能够迅速做出反应，有效抵御外敌入侵。此外，烽火台还兼具了驿站功能。

烽火台

万里长城永不倒

　　长城的建造还涉及许多其他细节和结构。城墙的基础处理至关重要，工匠们深挖地基，夯实土壤，确保墙体稳固；排水系统的设计则充分考虑了雨水排放问题，避免了墙体因积水而受损；防御工事的布局则根据地形和战略需要精心安排，使得长城在抵御外敌时能够发挥最大效用。

　　事实上，万里长城永不倒，还得益于不同朝代都对长城进行的不同程度的修筑，也因此形成了不同时期长城在构筑材料和技术上的显著差异。比如，春秋战国长城主要以土石或夯土构筑为主，主要位于河北、山西、内蒙古等地，是中国长城的雏形。秦汉长城主要以土筑、石砌为主，在甘肃西部等地也有使用芦苇、红柳、梭梭木夹砂构筑的方式，烽火台除黄土夯筑外，也有土坯或土块砌筑做法。明长城，则保存相对完整，形制类型丰富，东部地区以石砌包砖、黄土包砖或石砌为主，西部地区多为夯土构筑。历史上北魏、北齐、隋、唐、五代、宋、西夏、辽等时代也修筑或修缮过长城，墙体多为土石结构，对选址、形制、建造技术等方面也产生了一定影响。

　　万里长城永不倒，其背后不仅是古代中国人民智慧与才华的结晶，更是老百姓对和平与安宁的深切向往的体现。今天，我们更应该珍惜这份珍贵的文化遗产，让它继续闪耀着光芒，将中华民族的精神传承下去。

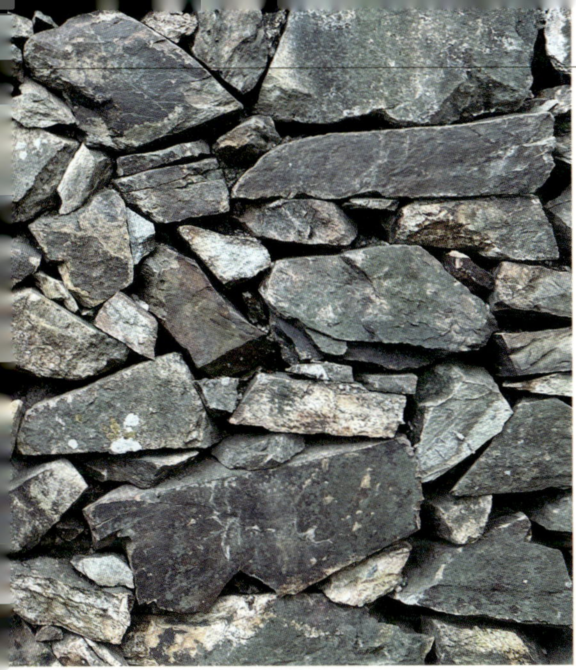
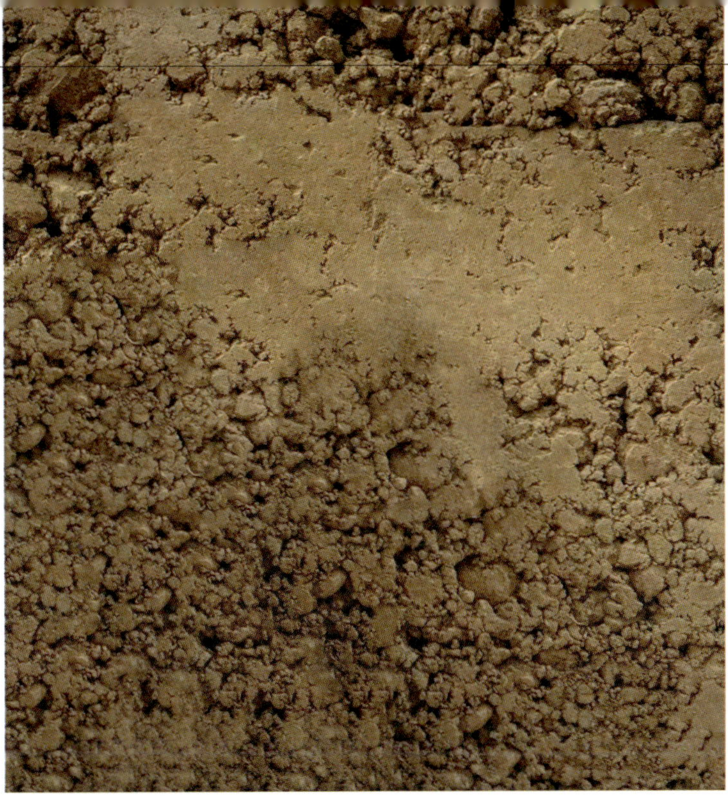

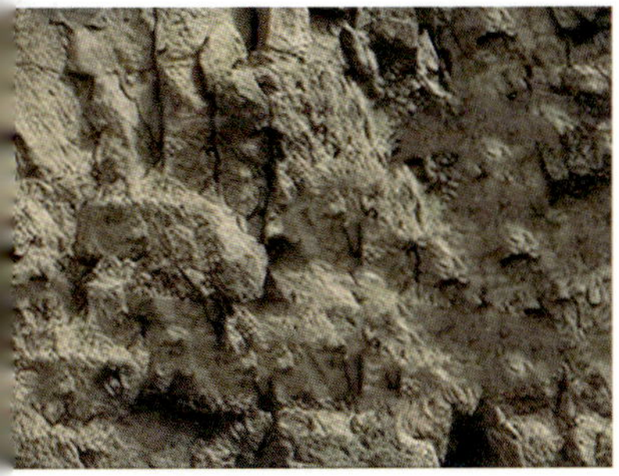
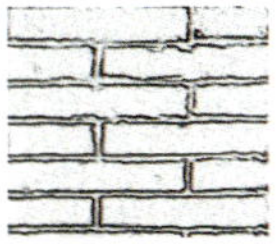
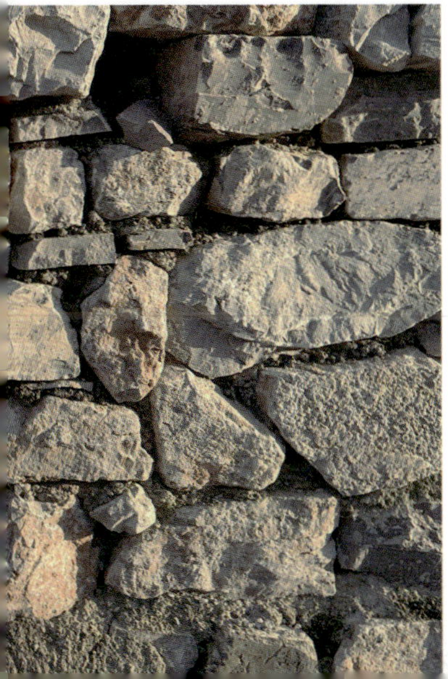
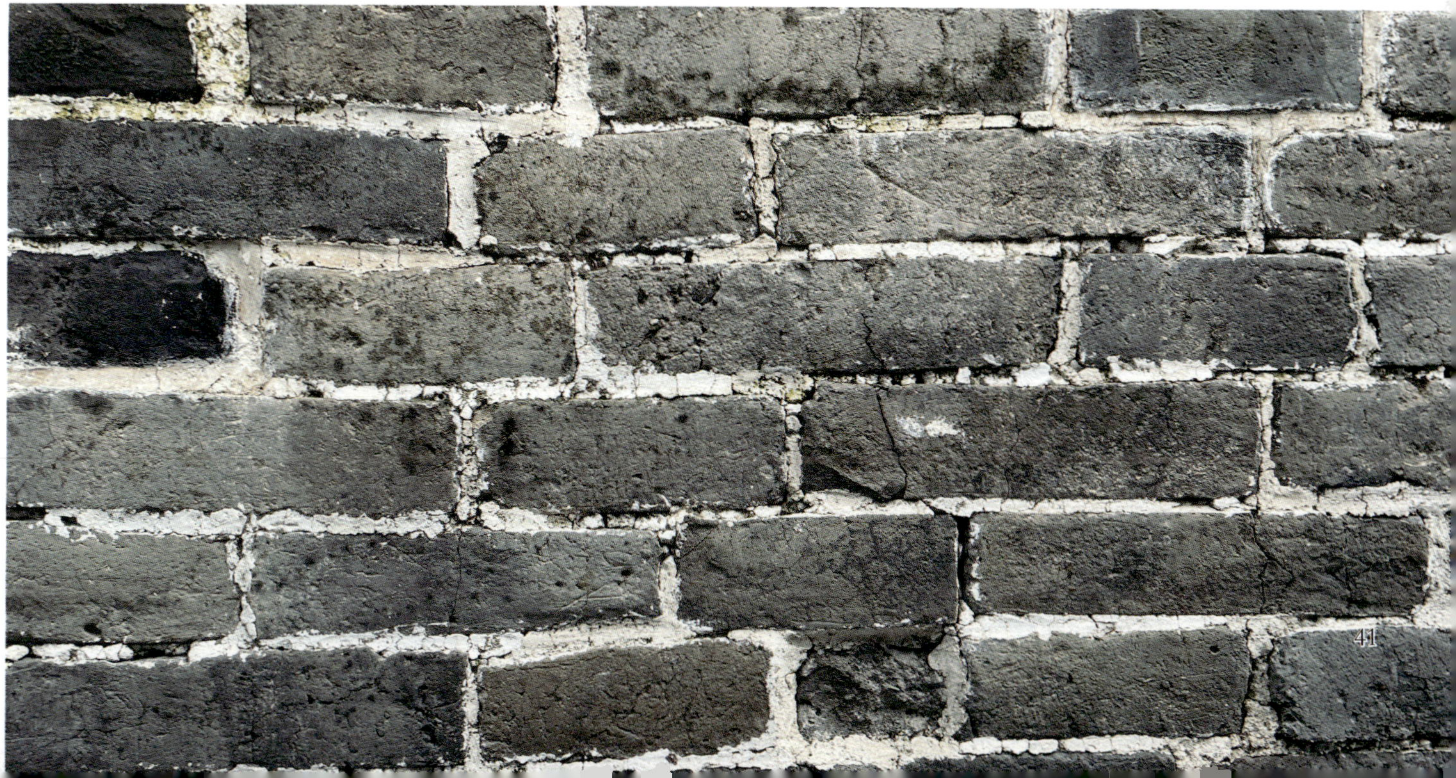

3. 山海情深跨万里

万里长城，沿北纬38~42°一线呈带状展开，串起华北、东北和西北地区的15个省（自治区、直辖市）跨越了华北平原、内蒙古高原、黄土高原、东北平原等主要区域。它蜿蜒穿行于高山峻岭、广袤草原与浩瀚沙漠之间，串联起不同地理环境下的多样地貌、景致、风光和生态，将中华大地的多彩画卷尽收眼底。

长城还穿越了燕山、太行山、阴山、贺兰山、祁连山等众多山脉。长城泰然自若地蜿蜒穿行于崇山峻岭之间。因此，我们不得不再次赞叹古人选址的智慧，他们巧妙地利用了地形，使得长城既能抵御外敌，又是一道美丽的风景线。

沿着长城，我们来到了广袤的华北平原。这里地势平坦，沃野千里。在河北省境内，就是依托平原的地形，巧妙地采用了挖壕筑墙的方法，形成了坚固的防线。其中，以位于河北省承德市滦平县境内的金山岭长城最为典型。它是明朝爱国将领戚继光担任蓟镇总兵官期间主持修筑的，始建于1567年。金山岭长城以其设施完备，构筑牢固，布局严谨而闻名，被誉为万里长城的精华地段，同时也因其修建之精致而收获了『万里长城，金山独秀』的美称。戚继光在修建过程中，依据『因地制宜，用险制塞』的建筑思想，山势低矮处加高城墙，山势高峻处修建敌楼，个别地方加修了障墙、支墙、挡马墙，敌台以砖石包砌为主，内部夯土填充，部分敌楼内设木构架支撑。障墙、文字砖和挡马墙被称为金山岭长城的『三绝』，体现了这段长城的独特魅力和坚固的防御功能。

山海情深跨萬裏

The Great Wall Stretches for Miles

一路向西，映入眼帘的，是"天苍苍，野茫茫，风吹草低见牛羊"的内蒙古高原。草原地带地形开阔，植被以温带草原为主。在这里，长城依托高原地形，采用了石砌、夯土、木结构等方式。如长城板申沟段位于内蒙古高原中部的阴山山脉南麓，古人利用了当地丰富的石料资源，修建了石砌城墙，依山地地势沿山脊修建，形成了一道天然屏障。

继续西行，我们看到的是一望无际的黄土高原。这里土壤松软，雨水稀少，地势沟壑纵横。在陕西、甘肃、宁夏等地，人们因地制宜，主要采用黄土夯筑的方式，既节省了材料，又增强了长城防风固沙的能力。如嘉峪关，位于沙漠边缘，采用黄土夯筑的城墙，地域特征明显，"因地制宜，就地取材"特点突出，在西北土质长城中极具代表性。

黄土高原再往西北去，我们就进入了有"世界屋脊"美誉的青藏高原。这里海拔高，空气稀薄，光照充足，昼夜温差大。在青海等地，长城依托高原地形，采用石砌、木结构等方式，既能抵御恶劣的气候，又能充分利用丰富的地理资源。如长城大通段，它位于青藏高原东北部的祁连山麓，依托险峻的山势，沿着山脊修建，形成了坚固的防线。不同于大家熟悉的砖包城，大通境内的明长城主要为夯土结构，以石头垒砌、斩山为墙、挑挖壕沟及直接利用高大山体等不同方法，构筑了长城的敌台、关隘、城堡、烽火台、山险墙、山险等防御工事。其建造技法之精华，军事防御布局之严密，无不展现了中国长城防御工程技术发展的最高水平。

当我们进入祖国的最西端，长城的足迹便绵延不断地分布在新疆地区。这里地形以山地、盆地为主，降水量较少，水资源较为匮乏。在这里，长城主要沿天山山脉修建，充分利用地形优势，依托险峻的山脉和河谷作为防线，能够有效地抵御外敌入侵。在天山南北的丝路古道上，一座座烽燧、关垒、戍堡构成了壮阔的西长城画卷。

当然，也不要忘记中国最大的平原——东北平原。这里地势平坦，土地肥沃。在这里，长城依托平原地形，巧妙地采用了挖壕筑墙的方法，如金界壕碾子山段，这是中国万里长城中最特殊的一段，在《金史》中被称作"界壕""边堡"。这一段，没有高大的城墙，没有逶迤万里的雄姿，只有平缓的土垄一路向前，但对其进行结构还原后才发现，烽燧、马面、边堡等一应俱全，虽历经九百年风霜，仍以沉默的沟壕与残垣，诉说着金代女真人"以土为盾"的军事智慧，见证了草原与中原文明的碰撞与交融。

不只是崇山峻岭，长城沿线的河流也独具特色，最著名的就是黄河。在长城沿线的众多地段，壮丽的长城与滔滔黄河交汇的景象屡见不鲜，尤以宁夏地区的黄河古渡口为典型代表，自然与人文奇观的交相辉映。古人利用黄河天险，构筑了坚固的防线。

| 松柏 | 沙柳 | 胡杨 | 梭梭 |

除此之外，长城沿线还有许多著名的植被景观。如居庸关的苍松翠柏、山海关的沙柳、嘉峪关的胡杨林、阳关的梭梭等。这些植被不仅美化了长城，更起到了防风固沙、保护生态的作用，它们有些来自大自然的馈赠，有些是近现代通过人工种植而来。若没有"造林英雄"们世世代代的付出，长城沿线也不会这般生机盎然。

长城与地理生态的奇妙融合，不仅展现了中华大地的自然美景，也体现了古代中国人民对自然环境的深刻理解和尊重。这种因地制宜、顺应自然的智慧，正是长城留给我们的宝贵财富。

山海情深跨万里

4. 一关一台总关情

一關一台總關情

Passes and Watchtowers Bear Deep Emotions

长城，古防线绵延，要塞如灯塔照亮古今，关台如战士坚守家园，它们共同编织一幅岁月的长卷。自东向西的关台似繁星点点，星辰布空，它们既是坚固的堡垒，又是中华文化的瑰宝。

首先，我们来到的是长城的东端，素有"天下第一关"之称号的山海关。山海关位于河北省秦皇岛市，为中国长城三大名关之一，是万里长城最为精华的一段，囊括了海上长城、滨海长城、平原长城、山地长城等多种形态，被誉为天然的长城博物馆，"两京锁钥无双地，万里长城第一关"说的就是山海关。它东临大海，西接内陆，是连接东北与华北的重要通道，也是万里长城最重要的海上门户。山海关在历史上多次外敌入侵中发挥了重要的军事作用，如今的山海关既是世界文化遗产地，又获得了国家级森林公园、国家级地质公园、中国长城文化之乡、中国孟姜女文化之乡等诸多称号。山海关的关城雄伟壮观，站在关城之上，目力所及处是大海与长城牵手的独特风景；漫步海边，又可尽览"长城万里跨龙头，纵目凭高更上楼，大风吹日云奔合，巨浪排空雪怒浮"的壮美。

山海關

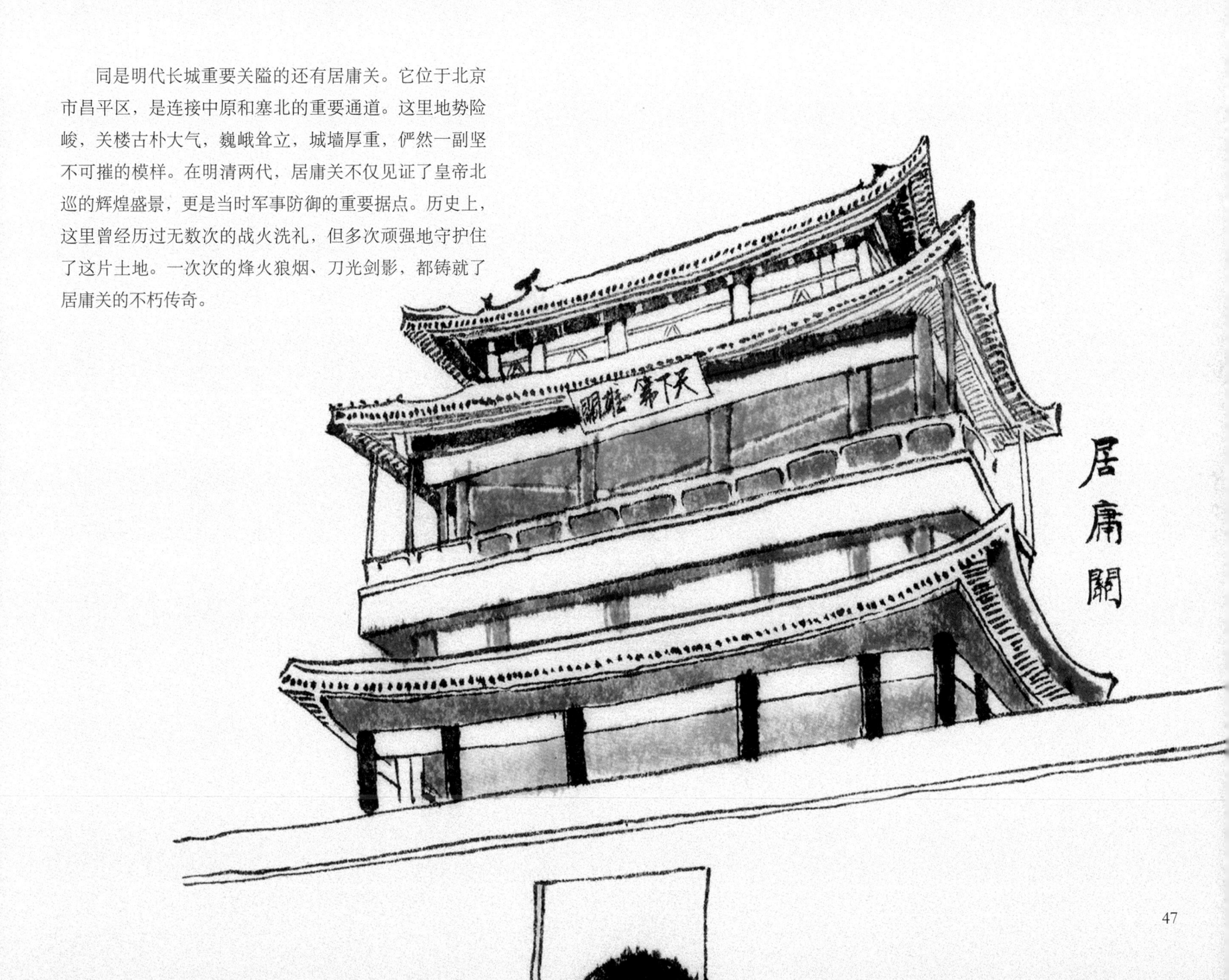

同是明代长城重要关隘的还有居庸关。它位于北京市昌平区，是连接中原和塞北的重要通道。这里地势险峻，关楼古朴大气，巍峨耸立，城墙厚重，俨然一副坚不可摧的模样。在明清两代，居庸关不仅见证了皇帝北巡的辉煌盛景，更是当时军事防御的重要据点。历史上，这里曾经历过无数次的战火洗礼，但多次顽强地守护住了这片土地。一次次的烽火狼烟、刀光剑影，都铸就了居庸关的不朽传奇。

紧挨着不远的地方，就能看到古代居庸关的重要前哨——八达岭长城了，"居庸之险不在关而在八达岭"的说法就是这么来的。八达岭长城位于北京市延庆区，它的城楼、城墙、敌楼等保存完好，是中国现存最完整的明代长城之一。八达岭长城也是我国最早向游客开放、游客接待量最大、外国政要访问次数最多的长城景区。拥有如此多"之最"的八达岭长城以其雄伟的景观、完善的设施和深厚的文化历史内涵而著称于世，已经成为蜚声海内外的旅游胜地。

接下来要说的大境门长城可能知晓的人并不多，它位于河北省张家口市，被誉为"万里长城第一门"，也是万里长城四大雄关之一。可同为"四大关"，为何唯有大境门叫"门"不叫关？原来清朝入主中原后，蒙古草原和华北平原彻底纳入统一版图，曾以长城为边关的传统防线不复存在。出于对边境贸易的管理需要，"关"就变成了开放包容的"门"，这也使得大境门建筑风格融合了汉族和蒙古族的文化特色，被称为中国长城的瑰宝。清顺治元年（1644年）豁开暗门，并拓宽加高，始称"大境门"。现有的这两扇门板，在万里长城所有关、门之中，也是唯一的清代原装门板，而门楣上由最后一任察哈尔都统高维岳于1927年挥笔写下的"大好河山"四个字也赋予了大境门中华神韵。

大镜门

嘉峪關

矗立在明长城最西端的便是嘉峪关了吧。被誉为"天下第一雄关"的嘉峪关屹立于河西走廊深处，是明代万里长城的西端起点、古丝路交通要塞、长城三大奇观之一。有着大漠孤烟和塞外边关的双重加持，这里上演过惊心动魄的传奇故事，也被诗人无数次吟咏。"长城高与白云齐，一蹑危楼万堞低。"——清末进士裴景福西行途经这里时以寥寥数笔勾勒出嘉峪关的伟岸高峻与气势磅礴。

同样在大漠中矗立了千年的还有"羌笛何须怨杨柳，春风不度玉门关"的主角——玉门关。它坐落在距现敦煌市区大约90千米的茫茫戈壁上，距今已有2100多年的历史。玉门关是丝绸之路东段与中段的分界标志，也是汉长城的关隘，因古代是西域美玉入关的关口而得名。历史与文化在这里交织成篇，无数珍贵遗迹亦诉说着往昔故事。驻足玉门关前，仿佛穿越千年风沙，眼前浮现出商贾络绎、货物琳琅的盛景，耳畔回响着驼队悠悠的铃声，若隐若现。

这些关台，每一座都如同一本厚重的历史书卷，铭刻着过往的辉煌与沧桑。

一关一台总关情

5. 都司卫所驻雄关

都司衛所駐雄關

Loyal Souls Guarding at the Great Wall Forts

我们感慨了那么多长城的精巧设计和固若金汤，但你可知道仅仅依靠其高度和坚固程度来阻挡敌人是远远不够的，更重要的是以其为依托，在纵深要点上驻扎重兵。都司卫所正是这些重兵的主要驻扎地，它们与长城共同构成了强大的防御体系。

先秦时期，各诸侯国为防御邻国的突然袭击，常常在边境上修筑一些关、塞、亭、障、烽火台等守备设施，后来又进一步把关、塞、亭、障用城墙连接起来，或把大河堤防加以扩建，并在不同段分别驻军，逐步建立起由防御、警戒等功能为特点的长城军事防御系统。

先秦至秦汉时期，长城沿线的军事制度逐渐发展完善。秦朝军队以步兵、骑兵为主力，辅以车兵、水兵，皇帝则掌控戍防区的最高军事指挥权，建立起系统而完善的战时军事指挥体系与平时军事指挥体系。秦朝还在长城沿线设立陇西郡、北地郡等边关十二郡，它们扼守边境要道，成为军事防御的重中之重。汉朝军队以郡为单位分段守御长城，郡守下设若干都尉，都尉下辖若干司马和侯官，司马之下有千人、五百、士吏等，侯官之下还设立了若干部，每部管数燧，燧是基层单位。每个烽燧、亭障通过组织系统建立联络，并可间接与朝廷联系。郡守接受朝命，随后向下传达指令，形成了自上而下的完整的军事指挥系统。

魏晋时期在长城驻守的边陲地区实行"屯田制"，士兵平时耕种，战时防守。北朝则设立"军镇"，驻扎大量兵力，强化长城防务，建立以镇、戍为主体的戍防区军事指挥机构，形成以皇帝亲征与委派将领出征相结合的戍防区军事指挥体系。那时候，皇帝亲临战场实施最高军事指挥，可谓北朝戍防区军事指挥体系一大特色。

隋唐时期，国力强盛，长城防御体系进一步巩固。这一时期，实行"募兵制"，招募士兵服役，待遇优厚。在军事组织上，实行府兵制与卫戍制相结合，驻军体制编制大体可分卫、府、团、旅、队、火6级组织机构，并在边防要地设置都督府和都护府，统一管理边防部队。

宋朝则实行"厢军制"，驻军主要由禁兵、厢兵、乡兵、蕃兵等组成，募兵驻防各地，轮流换防。北宋采取"枢密掌兵籍、虎符，三衙管诸军，率臣主兵柄，各有分守"的中央军事领导体制，枢密院、三衙（殿前司、侍卫亲军马军司、侍卫亲军步军司）及主要将领职权划分明确，同时又互相制约，最终使军队的建置、调动和指挥大权都集中于皇帝一人之身。

明朝以长城为依托，采取了诸如置卫所、修城池、建烽堠、屯重兵、守隘口等多种措施，设置了辽东镇、蓟镇、宣府镇等北部边防的"九边重镇"体系；至嘉靖年间，进一步增设昌镇、真保镇，形成扩展防线，这样便形成了我国古代史上驻军最多、规模最大的长城防御体系。在军队管理上，明朝形成了较为完善的都司卫所制，军队编制按照"中央—都司—卫—所"的关系层层管控。都司卫所制下，各级官兵有着明确的数量关系，一个卫5600人，辖属5个千户所；每个千户所1120人，辖属10个百户所；每个百户所112人，设2个总旗、10个小旗，每个小旗辖10个人。明朝中后期则主要实行较为完善的总兵镇守制，与都司卫所制并存，总兵由中央委派，负责镇守一方，副总兵与总兵协守同一地区，参将分守一路，守备独守一城或一堡，形成镇守、协守、分守、守备的四级防御体系。

秦时明月汉时关，见证了长城沿线将士们征战驻守的岁月，也见证了中国古代军队体系的日渐严密与成熟。

第三章

长城遗迹：连接文明的纽带

The Great Wall Heritage: A Bond Between Civilizations

1. 长城脊背上的『地理烙印』

2. 长城沿线的『非遗明珠』

3. 长城滋养的『宝藏资源』

4. 长城串起的『城市灯火』

5. 相伴而生的『丝路长城』

秋

长城脊背上的遗迹，最为引人注目的莫过于那些历经风雨沧桑依然屹立不倒的古老城墙和关隘，它们共同形成了长城的"地理烙印"，深深镌刻入中华文明的基因中。这些城墙高大坚固，关隘险峻雄奇，它们不仅是古代军事防御的坚固屏障，更是中华民族智慧和勇气的象征。其中以河北—山海关、北京—八达岭—慕田峪、甘肃—嘉峪关最具代表性。

1. 长城脊背上的"地理烙印"

长城脊背上的"地理烙印"

"Geographical Imprints" on the Spine of the Great Wall

位于河北省秦皇岛市的山海关长城在很长一段时间内曾被视为是明长城的东端起点，后来这个东端起点被认为是辽宁丹东的虎山长城。作为"天下第一关"的山海关不仅长城与大海相接，形成了独特的景观，其建筑风格也兼具了明代的宏伟壮观和清代的精致典雅。山海关城，周长约4千米，与长城相连，以城为关，有四座主要城门，包含多种防御建筑。最引人注目的"天下第一关"巨匾便悬挂在以威武雄壮著称的镇东楼的箭楼上，据说这块匾额是明朝著名书法家萧显所书，五个楷书大字苍劲浑厚，与威严的城楼浑然一体。

再向西行，坐落于北京的八达岭长城和慕田峪长城，无疑是这部档案中最为璀璨夺目的篇章之一。八达岭长城位于延庆区，地势险峻，居高临下，史称天下九塞之一，是长城重要关口居庸关的前哨，在明长城中保存最好也最具代表性。其城墙高大雄伟，气势威严，部分墙顶宽广到能够实现"五马并骑、十人并行"；敌楼设计精巧，功能多样，既有巡逻放哨的墙台，也有上、下两层的敌台，更便于军事防御。相较之下，位于北京市怀柔区的慕田峪长城名声则不及八达岭长城那么大，但却是明代万里长城的精华所在。慕田峪长城沿山脊蜿蜒而建，城墙与山脉紧密结合，且拥有正关台和双边墙这样独特的建筑。正关台的特点是三座敌楼并立，这在长城建筑史上很是罕见，而双边墙就意味着它的两侧都能对敌作战，也使得这段长城在防御上更为全面和灵活，是长城建筑中较为少见的特色之一。除此以外，慕田峪长城的自然景观同样引人入胜。这里重峦叠嶂，植被覆盖率高达90%以上，从而有了斑斓的四季，春山花笑，夏林叠翠，秋风染红叶，冬雪披银裳，这样的慕田峪谁又不爱呢。

一路向西至明长城的西端起点，位于甘肃省嘉峪关市西五千米处最狭窄的山谷中部的嘉峪关长城。嘉峪关始建于明朝，是明长城沿线最为壮观的关城之一，建筑雄伟，苍茫浑厚。它不仅是军事防御的重要设施，也是古代中西交通的咽喉要道。整座嘉峪关由内城、外城、罗城、瓮城、城壕和南北两翼长城组成，全长约60千米，可谓是"重关重城"。

　　长城城台、墩台、堡城星罗棋布，由内城、外城、城壕三道防线组成重叠并守之势，形成了五里一燧、十里一墩、三十里一堡、百里一城的防御体系。嘉峪关的建立，标志着中国古代长城防御体系的完善，也见证了丝绸之路的沧海桑田。

　　当然，长城沿线值得细说的古老城墙和关隘远不止这些，还有很多珍贵的历史文物古迹等待我们去发现。例如，山西雁门关附近，出土了大量战国至汉代的青铜器、陶器和玉器等文物；陕西省的榆林卫城，其城墙高大坚固，城内建筑布局规整，是研究明代军事制度和城市规划的重要实物资料；坐落于燕山山脉的金山岭长城有一处名为"将军楼"的敌楼，登楼可将金山岭长城防御体系的精华尽收眼底。

　　这些文物古迹以其独特的艺术价值和历史意义，构成了长城的"地理烙印"。它们见证了中华民族的崛起与复兴，也见证了中华文明的传承与发展，它们还将不断以新面貌继续镌刻入华夏儿女的精神世界之中。

2. 长城沿线的"非遗明珠"

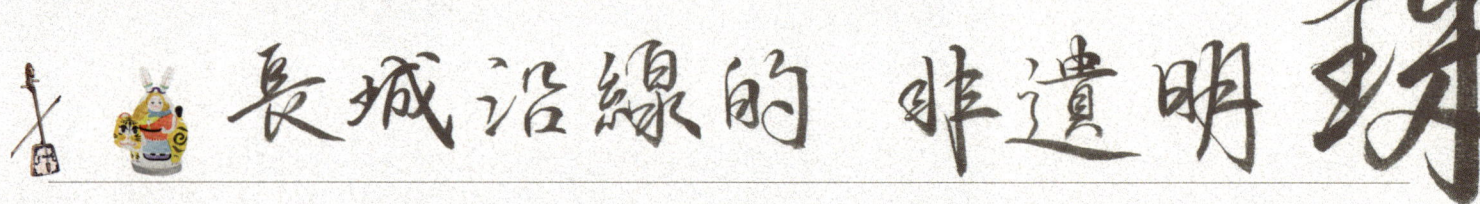

长城沿線的"非遺明珠"

"Intangible Cultural Gems" Along the Great Wall

长城不仅以其雄伟壮丽的身姿见证了中华民族的辉煌历史，更在其沿线孕育了无数非遗技艺。这些非遗技艺散落在长城途经的每一寸土地上，闪烁着中华民族的智慧光芒。

长城脚下的河北省，是众多非遗技艺的发源地。其中，蔚县剪纸尤为引人注目，它源于明代，是中国唯一的以阴阳混刻、重彩点染为制作工艺的民间剪纸。清代末年，蔚县剪纸工具改革，由"剪"变"刻"。20世纪初，蔚县剪纸在构图、造型和色彩上逐渐形成了自己独特的艺术风格，开创了独具一格的民间剪纸新流派。蔚县"中国剪纸艺术之乡"的名号也是打这儿来的。

山西的平遥古城不仅是长城沿线上的重要节点，更是晋商文化的发源地。当地人常说平遥有三宝——漆器、牛肉、长山药。其中位居三宝之首的平遥推光漆器同时还是中国四大著名漆器（北京金漆镶嵌、扬州漆器螺钿、福州脱胎漆器、平遥推光漆器）之一。平遥推光漆器，以掌推光泽闻名，运用传统髹饰技艺，选生漆、桐油及矿物颜料、金银箔等材，于各式胎体上，经髹涂、研磨、推光等繁复工序，结合绘、勾、贴、刻等多种技法精心制成，成品外观古朴雅致又不乏温润的光泽，不愧"非遗瑰宝"之名。

陕西的秦腔，是中国汉族最古老的戏剧之一，起于西周，源于西府，成熟于秦。古时陕西、甘肃一带属秦国，所以称之为"秦腔"。因为早期秦腔演出时，常用枣木梆子敲击伴奏，故又名"梆子腔"。秦腔的一大特点是所谓的唱、念全都是以陕西关中方言为基础，同时融入了我国汉唐时期的一些诗、词、曲的语言，这些语言特点与音乐特点相融合，共同形成了秦腔艺术独特的声腔风格，即语调高亢激昂、语音生硬、语气硬朗结实等风格。长城脚下的古戏台上，落日照映，耳畔一曲秦腔，便能让人仿佛穿越时空，回到那个金戈铁马、英雄辈出的年代。

除了上面所说的，长城蜿蜒之地还有许多非遗宝藏落地生花。例如，内蒙古马头琴，旋律悠扬，倾诉草原儿女的壮志豪情；北京京剧，技艺精湛，内涵丰富，乃民族文化之瑰宝。长城脚下的砖雕艺术，尤显精湛，装饰华美，民族风情浓郁，至清代工艺最精。而沿线村落中，古老泥塑技艺悄然传承，艺术家以黏土为纸、色彩为墨，绘就生动人物与鲜活动物，经过高温的炙烤，柔软的泥完成了它的华丽变身，继续向后人讲述着精彩的长城故事。

长城沿线的非遗技艺，不仅具有极高的艺术价值，更承载着深厚的文化内涵。这些技艺的传承者们，用他们的双手和智慧，将传统文化发扬光大。他们在长城的见证下，将非遗技艺代代相传，让它们在新的时代里焕发出新的光彩。

3. 长城滋养的"宝藏资源"

长城滋养的"寶藏資源"

Treasure Trove Nurtured by the Great Wall

长城不仅是中国古代军事防御的辉煌象征，更是一条蕴藏着丰富宝藏的神奇走廊。它穿越崇山峻岭，横跨江河、穿越荒漠，所经之处，无不蕴含着大自然的无私馈赠。

在长城的庇护下，沿线生活着众多珍稀的动物种群。这些生灵是大自然的精灵，它们与长城相伴相生，共同演绎着生态与生命的和谐共存。长城沿线是鸟类迁徙的重要通道。每年春秋两季，成群的候鸟在此停歇、觅食，为长城增添了生机与活力。山海关段的河北北戴河国家湿地公园，不仅是中国最大的城市湿地，还是候鸟迁徙重要通道和国际四大观鸟胜地之一。长城走过的陕西省榆林市，这里的红碱淖国家级自然保护区是珍稀濒危鸟类——遗鸥在全球最大的繁殖与栖息地。

被称为"遗忘之鸥"的遗鸥是人类认知最晚的鸟种之一，目前全球仅存两万多只。每年4至8月，上万只遗鸥"返乡"红碱淖繁衍生息。如今，这片湿地成为遗鸥的"避风港"，遗鸥成为生态"晴雨表"。素有"万里长城，金山独秀"之美誉的金山岭长城一带，近年发现了珍稀黑鹳，这种被誉为"鸟中大熊猫"的物种在国家一级保护动物名录中。金山岭生态环境好，山高林密，人类干扰较小，邻近的潮河及支流水质优良，水生动植物物种丰富，正适合黑鹳生息繁衍。

长城沿线矿产资源丰富，种类涵盖金属矿产如铁、铜，非金属矿产如石灰石、造型黏土等，储量巨大、分布广泛，是我国重要的矿产资源富集区之一。这些矿产资源自古便是长城建设不可或缺的基石，为古代中华儿女的筑城壮举提供了坚实的物质支撑，如今它们持续为区域经济的蓬勃发展贡献着力量。长城脚下的迁安等地的铁矿资源古时便是重要的铁矿开采区，为古代长城的修建提供了重要的原材料。长城金界壕遗址走过的内蒙古赤峰市，是国内重要的金矿、银矿等贵金属矿产的开采地之一，被称为中国有色金属之乡。山西的煤炭资源更是长城沿线矿产资源的一大亮点。山西作为我国重要的煤炭生产基地，煤矿产业历史悠久，可追溯到明清时期，是我国重要的煤炭产地之一。

长城沿线山水相依、林草茂盛，湖泊星罗棋布。位于长城脚下的白洋淀，是我国北方最大的淡水湖之一，因其景色秀美、水质良好而被誉为"华北明珠"。淀内的鱼、虾、蟹、贝、莲藕等水生植物资源丰富，是鱼的乐园、鸟的天堂、水生动植物的天然博物馆。

长城滋养的『宝藏资源』

长城沿线，燕山巍峨，太行险峻，山川壮丽间森林密布，植被丰饶，草原广袤无垠，好一幅雄浑壮美的生态画卷。长城走过的河北承德市，茂密的森林覆盖着山川，这里是北方重要的水源涵养地之一。林海深处，松树挺拔，桦树婀娜，橡树沉稳，它们汇成一片翠绿的海洋，阳光斑驳洒落，光影交错间，每一棵树都似精心设计的笔触，淡妆浓抹总相宜。

再往北，进入内蒙古的呼伦贝尔地界，草原与森林温柔相拥，绿色与蓝色在这里交织成诗。春末夏初，万木葱茏间，草原铺展，野花烂漫，它们彼此依偎，吟诵出大自然最温柔的诗。

长城滋养的"宝藏资源"，是一部鲜活的自然历史长卷，也是一幅绚丽的生态画卷。它们展现了人与自然和谐共生的美好愿景。

4. 长城串起的"城市灯火"

　　长城是我国现存体量最大、分布最广的文化遗产，不同时代长城资源分布于15个省（自治区、直辖市）404个县（市、区）。置于人类繁衍的历史长河中，长城不仅是一道雄伟的防御工事，更是一条连接着沿线城市的繁华脉络，串起了无数璀璨的"城市灯火"，展现了沿线地区丰富多彩的饮食文化和服饰文化。

　　长城沿线的"城市灯火"中，烟火气的饮食文化尤为引人注目，从山海关到嘉峪关，途经的城镇乡村，都蕴藏着独特的美食文化，它们共同绘制出长城沿线丰富多元的饮食版图。

　　在河北的山海关，海鲜算是主角了。除了七至九月的限制捕捞季，其他任哪个月份来都能尝到时令美味。三月的雪虾炒鸡蛋、四月的面条鱼炖豆腐、五月的皮皮虾、花盖蟹个个膏肥黄满，更别说冷水板、燕鲅、鳎么这类名字听上去都有趣极了的小海鲜争相上桌。上到酒楼下至排档，随便挑一家也能轻松拿捏你的胃。

　　北京作为明清长城重点拱卫的对象，其饮食文化更是博大精深。要说北京的长城美食，你就不能只说满大街正宗或不正宗的北京烤鸭，你要说司马台长城脚下的密云水库鱼——即便是水库水清炖也是人间至鲜；你要说古代驻守将士们的最爱——烧肉，肉肥而不腻，烧饼外壳香脆内里松软，饼夹着肉轻轻一口唇齿留香；你要说古北口村里的二八席——满蒙风味，荤素搭配八碗八盘吃到肚儿圆；你要说八达岭长城边的永宁豆腐——黄如金，活如生，刀切丝细如发，手握绵软，入口细腻，煮熟则韧，油炸则轻盈。

长城串起的『城市灯火』
"Urban Lights" Strung along the Great Wall

烤鸭

而提到塞上长城美食就不得不提非遗名单在列的嘉峪关烤肉。在20世纪70年代，嘉峪关新城附近出土了魏晋时期的古墓壁画砖，上面生动刻画了古人围炉而坐，烤肉飘香的场景。1700多年后的今天，暮色中的嘉峪关便成了"烤肉江湖"，铁钎串上当地的新鲜羊肉在火红的炭火中上下翻飞，一番炙烤中肉嗞嗞作响，升腾的烟火裹挟着肉的香气四下飘散，引得大漠的风也驻足，似乎连空气都变得醇厚起来。翌日清晨，来上一碗牛肉面，汤清而味浓，抖落点葱花，舀一小勺油辣子，薄切的牛肉片另装个碟，十元左右的价格却有无价的好滋味。

深受游牧文化与农耕文明双重影响的不只有美食，还有长城沿线的服饰文化。它们既保留了传统的民族特色，又融入了多元的文化元素。这些服饰不仅是身份符号的物化载体，更是族群文化的传承与表达。

在长城北段的草原上，游牧民族的服饰以其粗犷豪放而著称。他们穿着宽松的袍子，脚踏马靴，头戴毡帽，身上披着色彩斑斓的围巾。这些服饰不仅适应了草原上的自然环境和生活方式，既实用又富有民族特色，还展现了游牧民族独特的审美观念和文化底蕴。

在长城南段的农耕区，汉族的服饰则呈现出一种朴素而典雅的风格。这些服饰以棉麻为主料，色彩相对较为素雅，注重细节的处理和剪裁的合身。在节日或特殊场合，人们会穿上华丽的旗袍、马褂等，展现出独特的韵味和气质。

5. 相伴而生的"丝路长城"

相伴而生的『丝路长城』

Coexistence of the 『Silk Road』 and the Great Wall

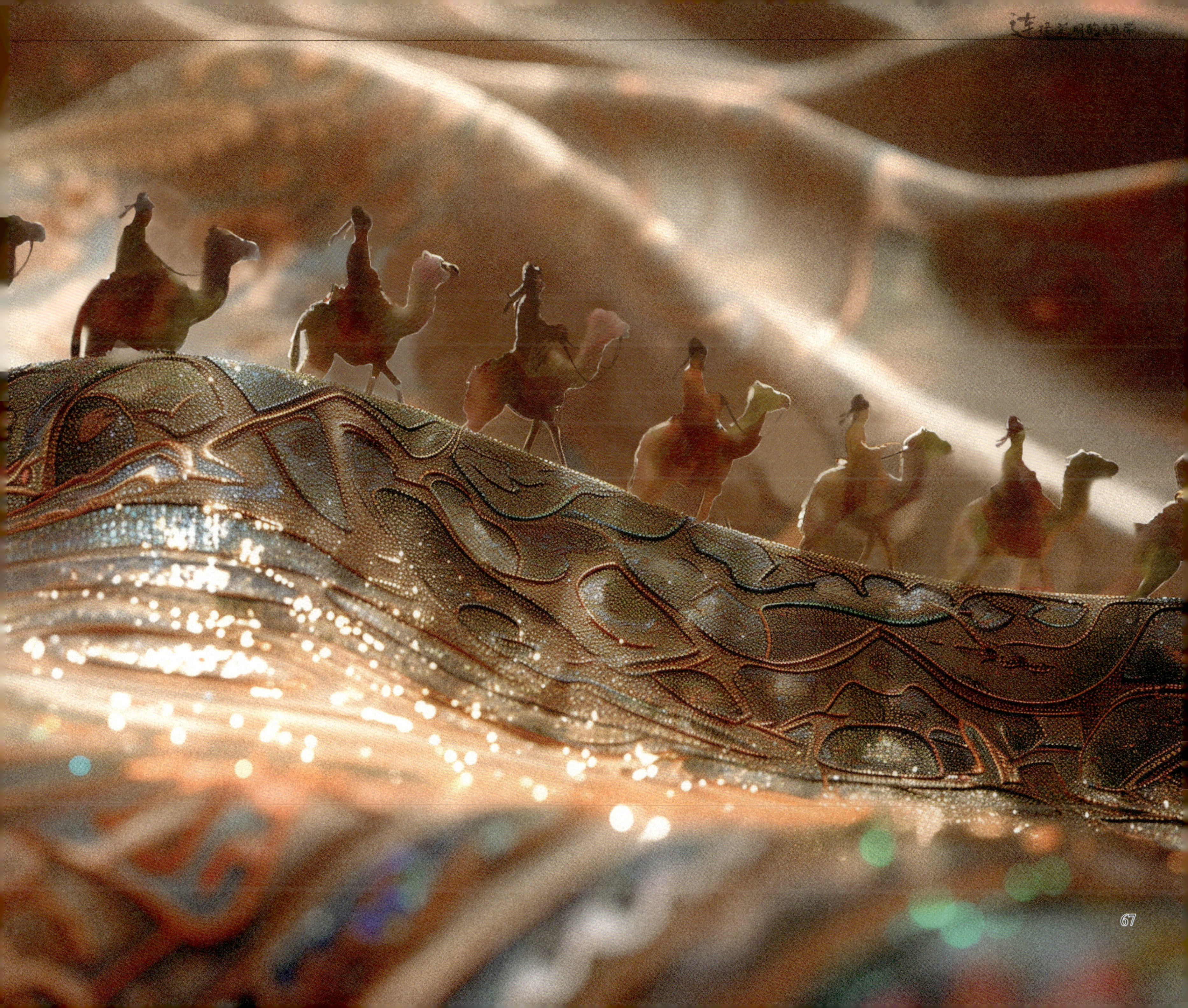

在浩瀚的历史长河中，有一条路，它跨越千山万水，连接东西方文明，这便是始于西汉时期的丝绸之路；有一道墙，它横亘北方，守护中原大地安宁，这便是雄伟的长城。这两者，一者流动，一者静止，却相伴而生，共同见证了中华民族的沧桑与辉煌。

早在公元前202年至公元8年，汉王朝开辟了一条以首都长安（今陕西西安）为起点，经甘肃、新疆，到中亚、西亚，并连接地中海各国的陆上通道。随着汉武帝时期中西大通道的打通和对匈奴的全面反击，汉代军事战略重点西移到了河西一带。为了有效地防御匈奴，隔绝匈奴与羌戎的联系、维护丝绸之路的交通安全，便在河西修建了千里防御线——长城。长城的修筑和烽燧制度的建立有效地防御了匈奴的侵扰，确保了河西地区居民的正常生产、生活，保障了丝绸之路上来往使者、商贾们的安全，从而使河陇地区经济得到恢复和发展，中西交流更加畅通。而丝绸之路在长城的护佑下，也成为中华文明连接西域的文明纽带，丝路长城沿线则成为东西方文化交汇的"高热度"地区。

迈入 21 世纪，丝绸之路与万里长城这两大世界文化遗产更是吸引全球探秘的目光。学者深入挖掘，考古发现层出不穷，旅人追寻古老足迹，每一程皆是与文化最真诚的触碰。自千年前一遇，丝路与长城便结下不解之缘，它们见证了历史，亦将继续携手，续写中华文化源远流长的无尽华章。

第四章

民族脊梁：雄关胜迹赋传奇

Backbone of the Chinese Nation:
A Lyrical Tribute to the Legendary Stories at the Walls

1. 读懂边塞的豪情与乡愁
2. 聆听动人的民间传说
3. 征战长城的传奇人物
4. 流传边关的民间技艺
5. 和合共生的华夏民族

长城之所以被誉为民族脊梁，是因为它不仅是中国古代军事防御的伟大工程，更是中华民族坚韧不拔、自强不息精神的象征。

从长城的雄关（如山海关、嘉峪关等）到胜迹遍布的城墙与烽火台，每一处都记录着中华民族抵御外侮、保卫家园的英勇历史。这些雄关与胜迹不仅是历史的见证，更是激发民族自豪感和凝聚力的精神支柱，这种集军事智慧与文明韧性于一体的特质使得长城被尊称为民族脊梁。

民族脊梁

雄关胜迹赋传奇

冬

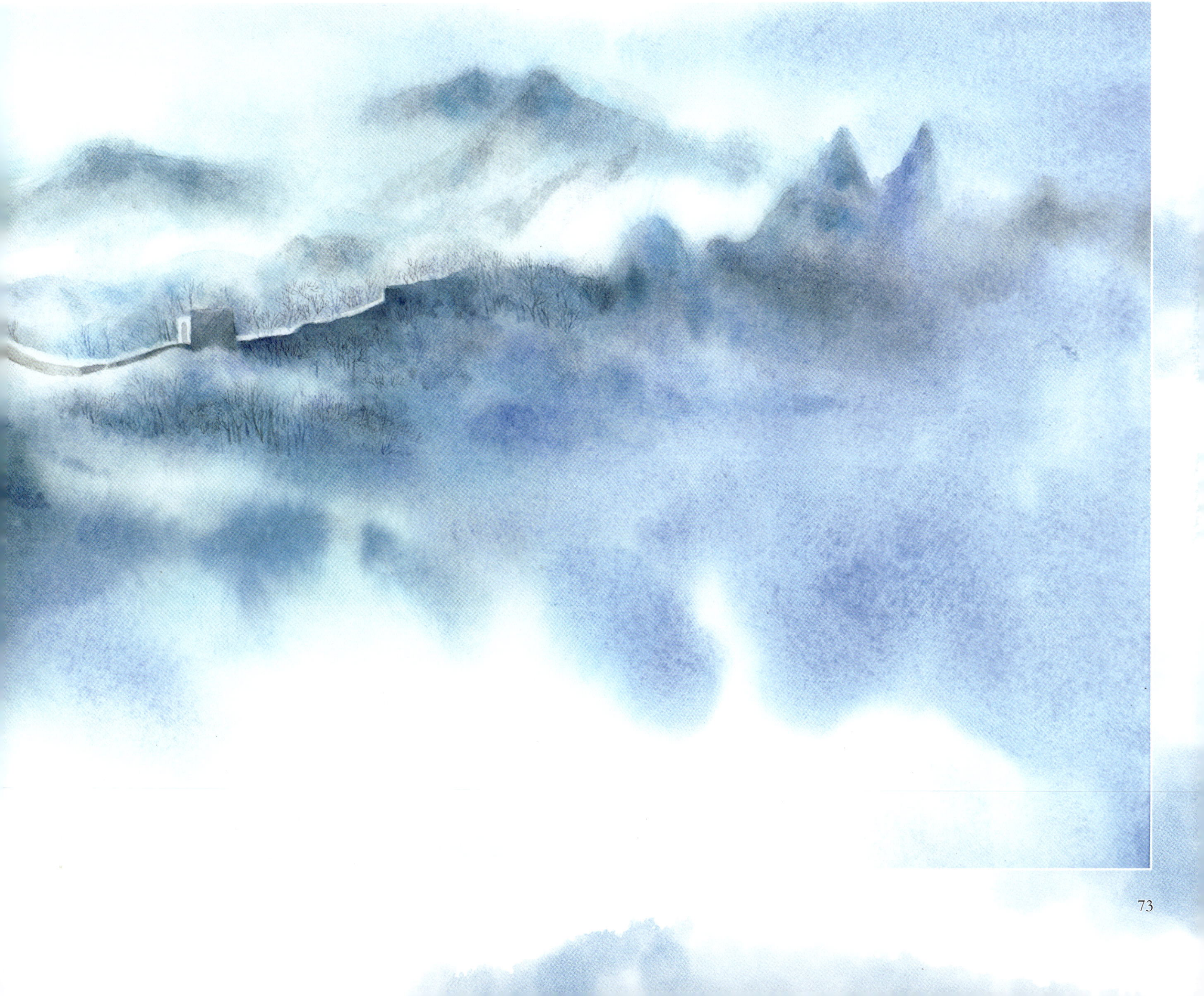

1. 读懂边塞的豪情与乡愁

讀懂邊塞的豪情與鄉愁

Understanding the Valor and Nostalgia of the Frontier Fortress

中国诗歌精神的源头就是"诗言志",作为传承长城文化的重要载体,古代关于长城主题的诗歌,不但记录了长城内外各民族交往交流交融的历史步伐,书写了中华民族自强不息的奋斗精神和众志成城、坚韧不屈的爱国情怀,同时也蕴含着守望和平的时代精神。

如果你发现一首诗里描写的是"雄关""征夫""烽火""边墙"等主题词,这首歌就很可能是有关长城的。事实上,关于长城的诗词数不胜数。据不完全统计,中国古代诗词中,明确提及长城的数不胜数。

几乎所有人见到长城的第一印象,便是感慨它的雄奇。于是有了"不须铁甲屯大荒,坐见长城倚天宇"的感慨,以大气磅礴的笔触,勾勒出了长城如巨龙般昂首天际的壮观景象,让人不禁为之心潮澎湃。更有"山前山后无数城,此城屹立如巨屏"这样的形象描述来形容长城的壮丽和坚不可摧。

长城可撼动人心的不仅是其雄伟的气势，更是它见证过的无数英雄故事。王昌龄那句"但使龙城飞将在，不教胡马度阴山"，是对长城将士英勇无畏精神的颂扬。而高适笔下的"摐金伐鼓下榆关，旌旆逶迤碣石间"，则将长城战场上的壮阔场景展现得淋漓尽致，让人仿佛置身于那金戈铁马、气吞山河的年代。

然而，长城的每一寸土地还浸透着守城将士的伟大与悲壮。他们的忠诚与牺牲让唐代诗人李贺有了"报君黄金台上意，提携玉龙为君死"的感慨，道出了将士们对国家的一片赤诚之心，而李频的"向国报恩心比石，辞天作镇气凌云"，则把长城守卫将士忠于国家、舍生忘死的崇高精神刻画得入木三分。

除却豪情与壮志，长城在漫长的岁月中也见证了无数的战乱与离别，承载着边关将士的哀愁与悲苦。王昌龄的"秦时明月汉时关，万里长征人未还"则表达了对远征未归战士的深切同情；常建的"髑髅皆是长城卒，日暮沙场飞作灰"道出了古时长城战争给人民带来的深重灾难，更显悲怆；屈大均的"问长城旧主，但见武灵遗墓"，是对长城脚下那些无名烈士的缅怀与哀悼。

这些诗词在历史的长河中，与长城融为一体，记录了长城内外各民族交往交流交融的历史步伐，书写了中华民族自强不息的奋斗精神和众志成城、坚韧不屈的爱国情怀，同时也承载着中华儿女守望和平的时代精神。

2. 聆听动人的民间传说

聆聽動人的民間傳說

Listening to Captivating Folklore

说到关于长城的民间故事，人们最耳熟能详的定是"孟姜女哭长城"了。它是中国民间四大爱情传说之一，讲述了孟姜女千里寻夫、哭倒长城的故事，凭借其浓郁的人文内涵世代相传，延续至今，此外，它融汇了多种文艺形式，远播海外。2006年，孟姜女传说经国务院批准被列入第一批国家级非物质文化遗产名录。

而说起长城上最早的民间故事，当属"烽火戏诸侯"。相传，周幽王为博美人一笑，戏点烽火，诸侯受骗。终致敌来时无人信，国破家亡。同是民间传说，它所传递的"做人应诚信立身，言行谨慎，莫为一时之乐，毁长久之基"的道理如今依然适用。

在这里，不得不提的还有最神秘的长城民间故事。相传明正德年间，有一位名叫易开占的修关工匠，精通九九算法，所有建筑只要经他计算，用工用料十分准确和节省。他精确地算出了修建长城所需的砖块数量。但竣工后，唯剩一块砖，放置在嘉峪关西瓮城门楼后檐台上。监事官发觉后大喜，正想借此克扣易开占和众工匠的工钱，哪知易开占不慌不忙地说："那块砖是神仙为了奖励嘉峪关的伟大壮举而放下的，是定城砖，如果搬动，城楼便会塌掉。"监事管一听，便不敢再追究，从此这块砖便成了嘉峪关的守护神。或许也是因为这份神秘，这块砖至今无一人敢动，成了古老城墙上的一块"活化石"。

这些美妙又略带传奇色彩的民间传说展现了古代人民对长城的情感寄托和认知，也反映了他们对家国情怀的珍视。长城不仅是抵御外侵的军事要塞，更是中华民族精神的象征。它凝聚了不同时代、不同地域人民的智慧与情感，见证了中华文明的传承与发展。

3. 征战长城的传奇人物

征戰長城的傳奇人物

Legendary Figures in Warfare Along the Great Wall

万里长城，这条横亘于中国北方的巨大防御工程，见证了无数英雄豪杰征战长城的壮举，这些长城守卫者的故事，今天读起来仍然激励着人心。

雄主失胜迹赋传奇

首先我们要说的是秦代的大将蒙恬。众所周知，他是秦朝的大将军，奉命修筑万里长城。在公元前 214 年，蒙恬率领 30 万大军开始修筑长城，历时五年之久，西起临洮（今甘肃岷县），东至辽东（今辽宁辽阳），为后世的长城奠定了基础。蒙恬还北击匈奴，收复了河套地区，使北方边疆得到了安宁。

汉武帝时期，大将卫青和霍去病的故事也同样彪炳史册。卫青在公元前 127 年出云中，深入匈奴腹地，大败匈奴。霍去病则在公元前 123 年出定襄，直捣匈奴王庭，公元前 121 年，他因河西之战中的卓越表现，被封为"骠骑将军"。卫青和霍去病北击匈奴，收复了河套地区，修筑了长城，使汉朝疆域扩大到蒙古高原。

明朝名将戚继光亦是长城历史上的一位传奇人物。他不仅在长城沿线修筑了许多坚固的堡垒，还亲自领兵抵御外敌入侵。他善用火器，创新战术，使得长城的防御更加完善。戚继光的有勇、有谋、有作为，为长城的守卫增添了浓墨重彩的一笔。

除了上面这几位赫赫有名的将领，还有许多其他豪杰也在长城上留下了深刻的印记。比如西汉"飞将军"李广，镇守右北平郡（今赤峰燕长城沿线），以神箭威慑匈奴，其戍边事迹成为长城精神象征。又如东汉末年，曹操率军跨长城北征乌桓，207年白狼山之战大破敌军，奠定了北方统一的基础。再如明代兵部尚书于谦，1449年土木之变后依托居庸关长城组织京师保卫战，以火器配合关隘防御击退瓦剌。

这些名将们坚守长城，英勇抗击外敌，以信念和毅力守护着民族脊梁。即便是那些籍籍无名的普通士兵亦纷纷留下英勇传说，他们虽无显赫战功，也鲜为人所知，但他们的坚守和自我牺牲同样动人。他们用血肉筑就民族尊严，精神与长城共融，值得为后代永铭。

4. 流传边关的民间技艺

长城作为人类文明史上最为宝贵的文化遗产之一。沿线文化底蕴深厚，数千年来积淀孕育出了类别丰富、数量众多的非物质文化遗产（以下简称非遗），如剪纸、京剧、书法、篆刻、皮影戏、西安鼓乐、蒙古族呼麦、新疆麦西来甫等，历久弥新，值得我们去了解、铭记、传承和发扬。

流傳邊關的民間技藝

Folk Art Passed Down Along Border Regions

剪纸是中国民间传统艺术，分布广泛，尤以长城沿线的陕北、晋南等地最为著名。然而长城非遗剪纸还在其他多地落地生根，如：蔚县剪纸，起源于清朝道光年间，以刻代剪、阴刻为主，色彩浓艳，技艺精湛；赤城剪纸，地域特色鲜明，主要作为挂签、窗花及年画，乡土气息浓厚；宁夏剪纸具有非常浓郁的地域特色和民族特色，从花、鸟、虫、鱼到诸多古代神话故事，从民间传说到四大名著，主打一个"只有你想不到，没有咱刻不出来"；定西剪纸则以古朴纯真，粗犷厚拙而著称，且载体多元化，可以是纸张、金银箔、树皮、树叶、布、皮、革，方寸之间，妙手生花。

京剧形成于清代，它的形成是多种民间戏曲在北京汇聚、交流、融合的结果。是中国的国粹，也是世界戏剧艺术的瑰宝。京剧融合了乐舞的神采、诗词的风骨和书画的意境，所以哪怕你看不懂、听不真切也会觉得它很美。难怪当年诗人泰戈尔在观看梅兰芳演出的京剧《洛神》后，难掩心中欢喜，即兴赋诗于一柄纨扇上赠予梅兰芳："汝障面兮予所欢，障以予所未解之语言若峰峦，予望如云蔽于水雾之濛濛。"这不仅表达了对梅兰芳先生的喜爱，更一语道出了京剧的朦胧之美不在其表，而在其心。

流传边关的民间技艺

书法是中国传统的艺术形式，它在汉代时进入了一种空前的繁荣时期，据记载，英籍匈牙利人斯坦因第二次中亚之行时，在敦煌西北疏勒河下游三角洲地区，发现了汉代烽燧、城障遗址。他沿着汉代烽燧遗址溯流而上，追寻至敦煌东北处，找到了由塞墙、烽燧、城障组成的汉代长城。并在汉代烽燧遗址中发掘出了大量汉简，这些汉简对于研究汉代历史、文化和书法艺术都具有重要价值。

同是在汉代,"一口道尽千古事,双手挥舞百万兵"的皮影戏诞生了。相传两千多年前的西汉时期,汉武帝爱妃李夫人染疾故去,武帝思念心切神情恍惚,终日不理朝政。大臣李少翁一日出门,路遇孩童手拿布娃娃玩耍,影子倒映于地栩栩如生。李少翁心中一动,用棉帛裁成李夫人影像,涂上色彩,并在手脚处装上木杆。入夜围方帷,张灯烛,恭请皇帝端坐帐中观看。武帝看罢龙颜大悦,就此爱不释手。这个载入《汉书》的爱情故事,被认为是皮影戏的渊源。它是一种用灯光照射兽皮或纸板做成的人物剪影以表演故事的民间戏剧。戏台上的皮影艺人唱尽人间悲欢、尘世离合,随着艺人手的摆动,幕幔上影人演绎着金戈铁马的交兵,神魔鬼怪竞相登场,场面出神入化、变化万千。

　　如果把长城比作古老的诗,那长城非遗就是世世代代传承发扬的远方,它们是传承长城文化的艺术符号,也是激发长城活力的动力源泉。

5. 和合共生的华夏民族

和合共生的华夏民族

The Chinese Nation in Harmonious Coexistence

在长城沿线，这片古老的土地上，汉族与匈奴、鲜卑、契丹、女真、蒙古、满等民族碰撞与融合交替，他们的故事如同长城的砖石，一块一块垒砌起中华民族的文明基座。

长城，自古既是军事防御的象征，也是民族交融的见证。在冷兵器时代，长城内外战火纷飞，各民族为了生存和扩张，在这片土地上展开了激烈的争战。然而，正是这些战争，促进了民族间的交流与融合，让不同的文化在碰撞中产生了新的火花。

汉族，作为中华民族的主体，其文化在长城沿线得到了广泛的传播和弘扬。从农耕文明到儒家思想，汉族的文化对周边民族产生了深远的影响。同时，汉族也吸收了其他民族的优秀文化元素，如匈奴的骑射之术、蒙古的草原文化等，使得汉族文化更立体、更丰富。

匈奴、鲜卑等北方游牧民族，虽然与汉族有着截然不同的生活方式和文化传统，但在与汉族的长期交往中，他们也逐渐学会了农耕技术，接受了儒家文化的熏陶。这些民族在融入汉族社会的同时，也保留了自己的独特文化，如草原歌舞、马术等，为中华民族的文化多样性增光添彩。

契丹、女真等民族，在长城沿线建立了自己的政权，如辽朝和金朝。这些政权在统治期间，推动了汉族与少数民族的文化交流，促进了民族间的融合。契丹的文字、金朝的制度等，都在一定程度上影响了后世的中原王朝。

蒙古族和满族，作为长城沿线的两支重要力量，分别建立了元朝和清朝。这两个朝代在统一中国的过程中，不仅加强了对边疆地区的治理，还推动了汉族与少数民族之间的深层次融合。元朝的戏曲是蒙古族与汉族文化交融的艺术结晶，而清朝的文学则深受满族文化影响，展现了满汉文化的深度融合。

长城沿线的各民族，在争战与融合中，相互学习、相互借鉴，共同创造了中华民族丰富多彩的文化。

第五章

玩在长城：
吃喝玩乐潮出圈

Fun at the Great Wall: Trending in Cuisine, Entertainment, and Leisure

　　一提到爬长城，是不是脑海里已经有了自己爬无尽台阶喘得上气不接下气的狼狈模样了？那我不得不说几句了。现如今的长城之旅，早已超越了简单的爬台阶赏景的固有模式了，而是一场全方位的吃喝玩乐盛宴。我们除了可以优哉游哉漫步于雄伟的城墙上，领略壮丽风光，还能在长城脚下的各种特色餐厅品尝地道美食，享受味蕾的狂欢；参与文化体验活动，亲手制作传统手工艺品；更有主题民宿供你安安静静地发呆；那遛娃？那休闲娱乐设施多了去了，毫不费力的快乐就从长城脚下出发吧。

1. 镜头下的长城
2. 舌尖上的长城
3. 长城的特色产物
4. 长城的博物馆藏
5. 长城的时尚活力

91

1. 镜头下的长城

镜头下的长城

The Great Wall Through the Lens

　　长城之壮美，说不完也道不尽。古人把长城写进诗，描入画，我们才能穿越时空"看得见"。如今，我们用镜头记录下旧貌换新颜后的长城，告诉全世界它有多美。

　　都说拍摄长城只有第一次和无数次，不是没有原因的，不同季节、不同天气、不同视角下的长城美得各不相同。

春日里，万物揉揉眼欣欣然醒来，长城被嫩绿覆盖，桃花、杏花点缀其间，生机盎然；夏日，长城在蓝天白云下更显雄伟，郁郁葱葱的树木时不时送来凉风一缕；秋风起时，长城两侧枫叶如火，远看金黄与火红交织，层林尽染，斑斓多姿；冬日，长城银装素裹，白雪皑皑，宛如一条银龙蜿蜒于山脊之上，更是别样的静谧与壮美。

　　同一个季节里的长城也会因天气而美得各有调调，摄影师们等艳阳高照、等雨落纷纷、等白雪皑皑、等云海渺渺，皆是为了捕捉这拍不尽的长城之美。不同天气下的长城，犹如一幅幅变幻莫测的自然画卷，韵味各异。

　　晴空万里时，长城则如撞色般明亮，湛蓝背景中更显其雄伟壮观的身姿。阳光洒在城墙上，金色的光辉与青砖灰瓦形成鲜明对比，使得长城的线条和轮廓更加分明，气势磅礴。

雨中的长城被细雨轻纱笼罩，显得格外迷蒙而清幽。雨滴沿着古老的城墙缓缓滑落，雨丝斜落交错，长城轮廓在雨幕中若隐若现，增添了几分神秘与幽静。此时的长城，仿佛一位历经沧桑的老人，静静地诉说着过往的故事。

雪中的长城，则是一幅玉带翩跹的冬日画卷。雪衣轻轻覆盖在城墙上，将长城装扮得七分端庄、三分妖娆。雪后天晴时，白雪反射出晶莹耀眼的光芒，使得长城在寒冷中展现出一种不屈不挠的坚韧与壮美。

至于云海中的长城，更是宛若仙境。当云雾缭绕时，长城仿佛悬浮于云端之上，与天地融为一体，令人不禁感叹"此景只应天上有"。雾霭中的长城，时而清晰，时而模糊，如梦似幻。

用镜头去捕捉并记录长城的每一寸风景与故事，是我们这代人以独特的方式为未来献上的一份珍贵礼物。正如千百年前，那些文人墨客以诗文书画，为我们留下了关于长城的生动描绘与文化记忆，使我们能够穿越时空，窥见长城那曾经的模样。而今，我们亦通过镜头，将这份历史的厚重与自然的壮丽定格为永恒，让后世子孙能够继续感受长城的雄伟与壮美，传承这份属于中华民族的宝贵文化遗产。

镜头下的长城

2. 舌尖上的长城

舌尖上的长城

Great Wall Gourmet: A Tasty Trek

最是人间烟火气，唯有美食不可辜负。沿着长城的足迹，我们不仅能够欣赏多姿多彩的地域风光，还可以品尝到各地令人欲罢不能的美食。大口享受美食的同时，更能领略个中的历史和人文风物。

长城脚下的第一站，是繁华的首都北京，最具代表性的美食非北京烤鸭莫属。抛去所谓的老字号滤镜吧，问问你身边的老北京，便会吃到最正宗的北京烤鸭。地道的烤鸭基本标准四项：色泽金黄、皮脆肉嫩、味道醇厚、脂香凝而不散。

飘香的烤鸭出炉了，慢着！吃烤鸭可是有讲究的：吃烤鸭时先剥一张刚蒸好的荷叶饼，这饼有讲究，搁手里一攥是一团，一松手还能恢复原样，得有弹性。选一根新鲜瓜条或大葱蘸满甜酱，吃烤鸭配的葱也有说法，得用山东章丘一种叫"大梧桐"的葱，取葱、葱白和葱绿中间的那截，叫葱裤。随后夹起5片鸭肉，配上刚才的那些，将酥、脆、爽、嫩一口送进嘴巴，满口噙香。

还有一种吃法呢，用空心烧饼夹着吃。饼是发面饼，表面撒了芝麻，中间有面心，烧饼上桌时会切开一侧，里面的面心可以掏出来，鸭肉用好的酱油和蒜泥拌好塞进去，外酥里嫩。还有一种吃法就是鸭皮直接蘸白糖，据说是过去大宅门里的太太小姐们发明的。上好的烤鸭胸脯金琥珀色皮一整只鸭子也只能片出10片左右，入口即化，脂香四溢。

你可知，小小烤鸭竟有"门派"之分？如同宋词有豪放派和婉约派之分，烤鸭界也有他们自己的《念奴娇·赤壁怀古》和《虞美人·春花秋月何时了》。挂炉烤鸭颇具阳刚之气，其挂炉有炉孔，没有炉门，因为以果木为燃料，烤出的鸭子皮非常酥脆，并裹挟着一股果木的清香。焖炉烤鸭口感更软嫩，鸭皮的汁也更丰盈饱满些，当属婉约派。

吃完烤鸭，抹净喷香的小嘴，再来一碗熬成奶白色的鸭汤，鲜美爽口。还有些地方配以大麦米和红小豆熬制成小米粥，实在是好喝。如果喝不惯鸭汤，还可以把鸭架打包带走，回家后一小把孜然，炒或炸都是一盘不赖的下酒菜。

人们常说，"万里长城把最美的一段留给了河北"，我看这最酥香的一口也留在了这里，那就是驴肉火烧。火烧跟驴肉是天生一对，河北的"驴火家族"还分为"保定驴火"和"河间驴火"，但无论是哪一种，无不表皮酥脆焦香，内里松软，层次分明。从外形来说，保定火烧圆，而河间火烧方；从驴肉产地上来辨，保定"驴火"选用的是太行驴，河间"驴火"则选用了渤海驴，相较之下前者口感要更细嫩一些；从烹调方式上来分，保定"驴火"为卤制，带着老汤的醇厚，而河间"驴火"为酱制，凉切入饼；那至于谁更胜一筹，还得各位食客自己来品尝方知分晓。

驴肉火烧

肉夹馍

九转大肠

我们沿着长城向南来到齐鲁大地这里不仅有距今 2600 多年历史的齐长城，还有始于 1875 年源自大明湖畔的"九转大肠"。据记载，大明湖的南岸有一条街叫作后宰门街，在这条街上有家叫作"九华楼"的饭店，九转大肠就是由这个饭店里传承出来的。当年"九华楼"面积并不大，但木门窗、花窗棂，北楼配圆形花窗，楼南面的天井中还有泉潺潺。"凹"字形的院落，上下共十间，很是气派。当年它与庆育药店、同元楼饭庄、远兴斋酱园并称为后宰门街四大名店。这道菜色泽红润，质地软嫩，肥但不腻，兼有酸、甜、苦、辣、咸五味，是中餐中罕见的五味俱全的一道菜品。入口后，你会感受到鲁菜的咸鲜与香浓，五味层层相叠，甚是美妙。

舌尖上的长城

与山东遥遥相对的山西，是同时拥有内外长城的省份，也有自己独一份的傲娇，那就是"面"。这里地处黄河中游，是世界上最早最大的农业起源中心之一，也是中国面食文化的发祥地。从可考算起，山西面食已有两千多年的历史了。据《晋食纵横·名食掌故》记载，其中最具代表性的刀削面也有 800 多年的历史了，堪称天下一绝。刀削面全凭刀削，因此得名。你瞧那面点师，气定神闲，手托面柱于肩，对准热气翻腾的汤锅，刀起面叶落，柳叶般的面叶飞舞着落入汤中。有首民谣完美地诠释了这一与其说是烹饪不如说是艺术创作的削面过程，"一叶落锅一叶飘，一叶离面又出刀；银鱼落水翻白浪，柳叶乘风下树梢。"待到汤暖面熟，夹起几条面叶，入口外滑内筋，软而不粘，越嚼越有滋味，端碗再来口汤，通体舒畅。

刀削面

纵览全国，同为面食大户还有陕西省。于陕西，馍可以说是它的灵魂，陕西人吃馍也着实吃出了门道，从陕北的摊馍、花馍，到关中的肉夹馍、石子馍、羊肉泡馍，再到陕南的炕炕馍、壳壳馍，不同形状，味道也各异。那肉夹馍则无愧灵魂中的灵魂了。这肉是腊汁肉，肉要好吃，汤是诀窍。贾平凹曾于连载的《陕西小吃小识录》中这般描述道："并不是腊肉，腊肉盐腌，它则是汤煮。汤，陈汤，一年两年，三代人四代人，年代愈久味愈醇色愈佳；煮，肉入汤锅，肉皮朝上，加绍酒、食盐、冰糖、葱段、姜块、大茴、桂皮、草果，大火烧开，小火转焖，水开圆却不翻浪。"正应了"自古文人多食客"的老话。这馍是白吉馍，发好的面，手工揉制成形，炭火烤制，成品馍得是"铁圈虎背菊花心"才算好馍，不厚但不乏嚼头。好吃的肉夹馍还得讲究制作工序，所谓宁肯肉等馍，不能馍等肉，这是规矩。煮好的腊汁肉捞出放在厚墩墩的案板上，在利落的刀法下三两刀便成了肉糜，馍也刚好热腾腾出炉了，用沾着肉香的刀剖开滚烫的馍，将肉送进馍中，别动，就站在炉边吃，最香了。当然，"与时俱进"的肉夹馍如今"万物皆可夹"，夹上咸蛋黄，佐以几颗酥脆的油炸花生米，便成了风味独特的咸蛋黄夹馍；若是加入酸辣爽口的臊子肉，则化身为令人垂涎的臊子肉夹馍；更有孜然肉夹馍的香辣诱人，土豆片夹馍的质朴美味，擀面皮夹馍的劲道爽滑，炸串夹馍的浓香四溢，菜夹馍的清新可口，笼笼肉夹馍的细腻浓郁，八宝辣子夹馍的丰富层次，以及烧烤夹馍的烟火气……任哪一种，一口下去，只有三个字——嬷扎咧！

当然，长城美食远不止这些，河南烩面的筋道、内蒙古烤全羊的草原风味、宁夏手抓羊肉的鲜嫩、甘肃兰州拉面的细腻、青海西宁老酸奶的醇厚，再到新疆烤馕的香脆，以及东北锅包肉的酸甜，每一口的好味道同时也是地域风情的具象化，它们之间相互影响、相互塑造，共同构成了长城沿线美食文化。

3. 长城的特色产物

从东北的黑土地到西北的黄土戈壁，长城蜿蜒两万多千米，其沿线有着数不清的物产宝藏。

長城的特色產物

Specialty Products Along the Great Wall

长城东起点所在的辽宁，西接燕山余脉，东至鸭绿江畔，北抵内蒙古草原，南临渤海之滨，资源富集，尤以岫岩玉而闻名。岫岩玉是中国玉文化史上开发最早、最悠久的玉种之一，早在西汉《尔雅》中便有对它的记录：东方之美者，有医无闾之珣玗琪焉，这里的"珣玗琪"指的便是岫岩玉，它和田玉、蓝田玉、独山玉并称为四大名玉，其温润细腻的质地和丰富的储量，使得它成为古代玉器制作的重要材料。根据考古发现和历史记载，从新石器时期到明清时期，历代出土的文物中都有用岫岩玉雕琢的玉器。如新石器时期的"有孔玉斧"、夏商周时期的"鸟兽纹玉觥""玉跪人"、战国时期的"兽形玉佩"、秦汉时期的"玉辟邪"等。这些古玉器不仅在中国，就是在世界范围内也是最早的玉器。另有很多国宝级玉器也是由岫岩玉雕刻而成，比如出土于内蒙古赤峰市翁牛特旗三星塔拉遗址的"红山文化玉龙"，是新石器时代红山文化的产物。这条墨绿色的岫岩玉雕琢而成的玉龙造型生动，雕琢精美，被誉为"中华第一龙"，并被认为是中国龙图腾最早的实物。还有河北满城陵山汉墓中出土的金缕玉衣，经确认其2498片玉片大部分是用岫岩玉雕制而成。这件金缕玉衣是汉代规格最高的丧葬殓服，其制作技艺之精湛、材料之珍贵，都堪称国宝级文物。

长城的特色产物

Specialties of the Great Wall Region

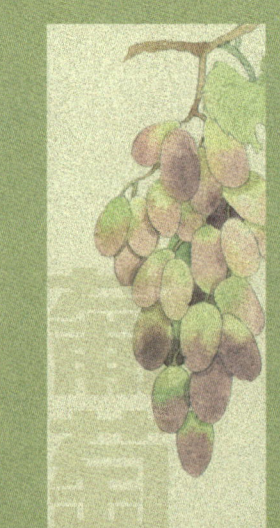

马铃薯　鸭梨　苹果

松茸　哈密瓜　铁矿石　煤炭

羊肉串　大豆　蜜饯　葡萄

一路向西，好像开启了神秘魔盒，沿线的特色物产不可尽数。河北迁西的板栗，一到9月满山满岭都是，挂得枝头沉甸甸的；天津盘山的磨盘柿以硕大、甘甜闻名，清乾隆年间《钦定盘山志》载："大曰盖柿山中最繁盛""实熟时叶赤如烧点染苍黛"描述的就是盘山柿景；北京门头沟的京白梨果皮光滑细薄，果肉细腻多汁，酸甜适口，香气袭人；山西老陈醋作为中国四大名醋之一，味道酸醇、味烈、味长，香、绵、不沉淀，而且越存越香浓，拿它配饺子是越吃越有；内蒙古的羊绒因其轻便、柔软、亲肤而深受喜爱，着在身上柔软如草原上夏初的微风，细腻温暖；陕西的洛川苹果，肉质细嫩紧密，脆甜可口加上恰到好处的微酸，激发出更多的果香，如果让我选秋天第一颗苹果品尝，我会摘下黄土高原上最红的那颗；说起宁夏，不仅有"根茎与花实，收拾无弃物"的枸杞，更有与法国波尔多同纬度的贺兰东麓的葡萄酒，其香气芬芳但不媚俗，入口温暖而不辣口，单宁柔顺而不干涩，入口时甘甜与微酸交融的美妙，多一分则妖少一分则黛；青海的藏药与盐湖资源，展现了高原的神秘与宝贵；甘肃兰州的百合，色泽洁白如玉，味道甘甜爽口，食用药用两相宜；所谓"天山峰顶，雪中有莲"，天山雪莲是一种只生长在新疆天山山脉雪线冰碛之上的药材，极为珍贵，药用价值也极高，是大自然赐予我们的传世仙草。

　　说了那么多，也不过是长城沿线富饶物产的冰山一角，它们承载着历史的记忆，映照着现实的繁荣，值得我们去探索、去珍惜、去传承。

4. 长城的博物馆藏

長城的博物館藏

Museum Collections Along the Great Wall

千百年来，这条伟大的防御工事沿线上，"遗落"了大量精美文物，它们如同一颗颗闪闪发光的珍珠，串联起了中华民族交流互鉴、文化融合与贸易往来的辉煌印记。依托于这些珍贵的文化遗产，中国建设起了一大批以长城为主体特色的文博场馆，它们不仅记录着长城的悠悠历史，更是长城精神的生动传承。今天，就让我们一同走进这些长城博物馆，探寻那些博古通今、趣味横生的故事。

中国长城博物馆：历史的守望者

位于北京延庆的中国长城博物馆，是全国首家全面展示长城历史文化的国家级专题博物馆。这里不仅收藏着大量珍贵文物，包括长城砖、兵器、碑刻、绘画等，还通过现代科技手段，如 VR 体验、全息投影等，让游客仿佛穿越时空，亲历长城的修建与维护过程，感受古人的智慧与辛劳。漫步其间，你仿佛能听到千年前的号子声，看到长城脚下的烽火连天，历史的厚重感油然而生。

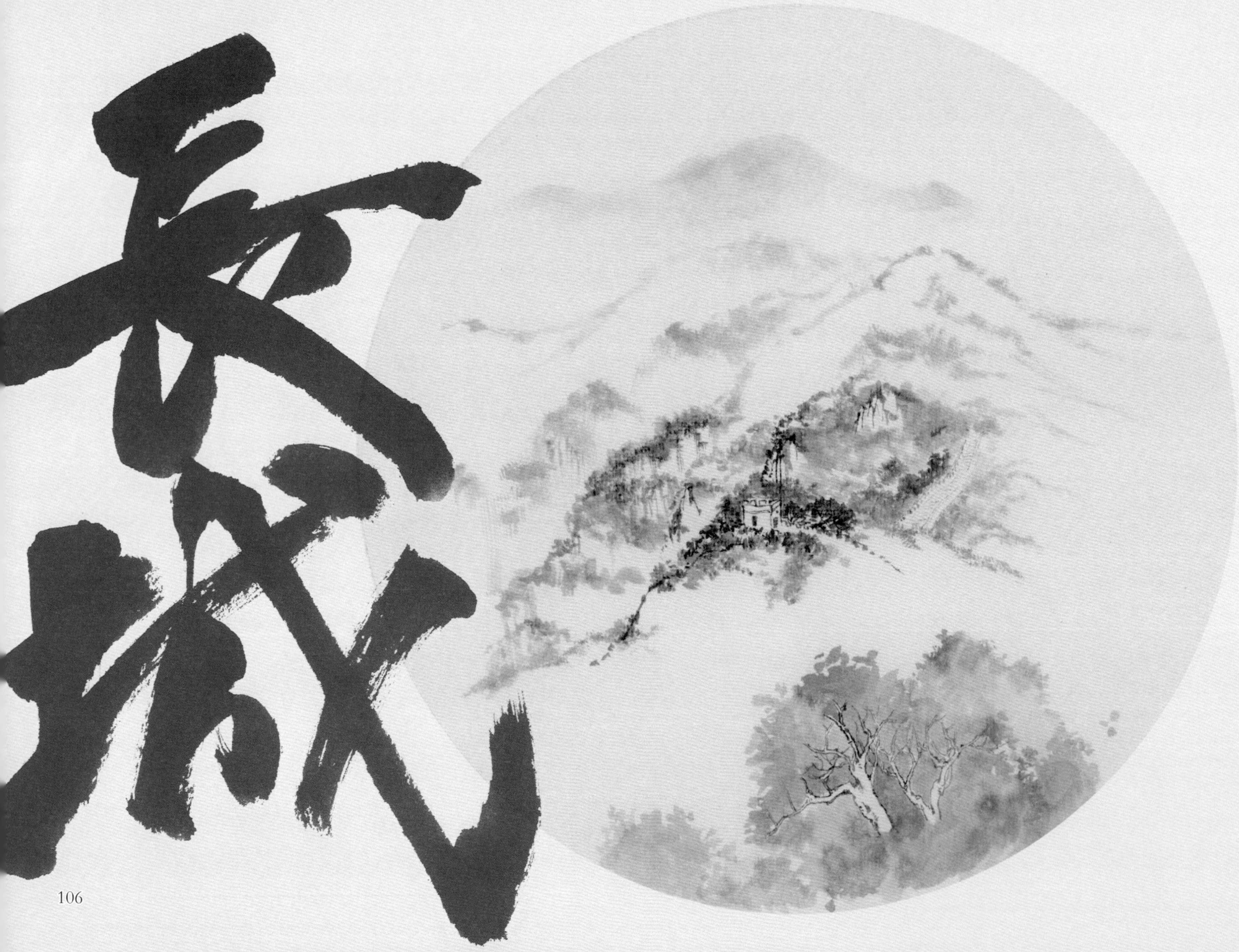

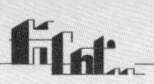

丝绸之路·长城文化博物馆：东西方文明的交汇点

坐落于甘肃嘉峪关，丝绸之路·长城文化博物馆将长城与丝绸之路两大世界级文化遗产巧妙融合，展示了这两条古老道路如何成为东西方文明交流的桥梁。馆内藏品丰富多样，从汉代的丝绸、唐代的瓷器到西方的玻璃器皿，每一件展品都诉说着古老贸易路线上的故事。

乌什别迭里烽燧长城国家文化公园（馆）：边陲小镇的瑰宝

新疆的乌什别迭里烽燧长城国家文化公园（馆），位于中哈边境附近，是长城西端的重要遗址之一。这里不仅保存着较为完整的烽燧遗迹，还通过展览和互动体验，讲述了长城在维护边疆安宁、促进民族融合方面的作用。博物馆内的民族风情展示，让游客在了解长城的同时，也能感受到新疆多元文化的魅力。

宁夏长城博物馆：沙漠中的绿色奇迹

宁夏长城博物馆位于银川，是中国唯一以展示宁夏境内历代长城为主题的博物馆。宁夏长城，尤其是明代长城，分布在贺兰山沿线，展现了人类与自然斗争的伟大壮举。博物馆内，一件件展品都是长城沿线军民抗击风沙、保护家园的见证者，而馆外的生态治理成果，更是对长城精神的现代诠释。

大同长城博物馆：北国边塞的辉煌记忆

大同长城博物馆位于山西省大同市，聚焦于大同地区长城的历史与文化。馆内展出的长城砖雕、壁画等，均展示了古代工匠的高超技艺，令人啧啧称奇。

山海关中国长城博物馆：未来可期

刚刚建成的山海关中国长城博物馆，位于河北省秦皇岛市山海关区，旨在打造一个集学术研究、文化交流、公众教育于一体的世界级长城文化展示中心。该博物馆将利用先进的数字技术，重现山海关长城的雄伟壮观，同时深入挖掘长城与海洋文明的关联，为长城文化的传承与发展注入新的活力。

每一座长城博物馆都是一段历史的缩影，一个文化的宝库。它们不仅让我们得以窥见长城的壮丽与辉煌，更重要的是，它们传递了一种坚韧不拔、勇于担当的长城精神。这种精神，穿越时空，激励着每一代中国人不断前行，为中华民族的伟大复兴贡献力量。

5. 长城的时尚活力

長城的時尚活力

Vibrant Fashion of the Great Wall

长城，不仅是华夏大地的骄傲，在新时代的浪潮中，它也以其独有的方式绽放着时尚的光芒。古老的城墙，不再只是历史的守护者，它正以一系列创新的文化节庆和时尚活动，焕发出前所未有的青春活力，吸引着全世界的目光。

"一带一路"·长城国际民间文化艺术节是一场国家级文化盛宴，犹如一扇窗，让世界各地的民间艺术瑰宝在这里相遇。每年的艺术节期间，世界各地的民间艺术家汇聚一堂，长城成了他们展示技艺、分享交流的舞台。在这里，我们不仅能一睹异域风情，更能深刻体会到文化多样性和互鉴的力量。长城，正以开放包容的姿态，搭建起各国人民友谊的桥梁。

而当长城与传统文化活动相遇，则碰撞出了更加璀璨的火花。北京长城文化节，就是一场关于长城与传统文化的美妙邂逅。长城音乐会、长城艺术展、长城文化论坛、长城非遗展……一派繁花盛开的景象。特别是长城音乐会，它不仅是一场音乐的盛宴，更是一次心灵的洗礼。在慕田峪狂欢电影嘉年华的星空下，多个国内外知名乐队轮番上阵，音符跳跃在古老的长城之上，与星空相互辉映，为观众带来了一场无与伦比的视听享受。这一刻，长城不再只是历史的遗迹，它变得生动而新潮，青少年在这里找到了传统文化与现代艺术的完美结合点。

但长城与音乐的融合并未止步于此。近年来，长城逐渐成为音乐艺术的新舞台。从八达岭长城的户外音乐会，到黄花城水长城的七夕音乐季，再到山海关的天下第一关电子音乐节，每一次音乐的碰撞，都让长城呈现出一种新面貌。音乐，这种跨越国界的语言，在长城之上奏响了文化交流的强音，也为长城旅游增添了浓厚的艺术气息。

而长城与时尚服饰的融合，更是让人大饱眼福。2023国际青年设计师邀请赛时尚盛典在居庸关长城脚下举行，古韵新风意外的和谐。模特们身着华服，在城砖古道上轻盈漫步，长城的雄伟与服饰的斑斓交织，历史的回响与现代的节拍奏出美妙的和弦。阳光洒落，为这场走秀镀上了一层金色，每一帧画面都值得定格，令人心驰神往。

夜幕低垂，古老的长城褪去白日的雄浑，美得与白日截然不同。八达岭夜长城以"文旅创新、科技赋能"为核，将斑驳青砖化作光影画布——滚天沟停车场的LED矩阵地面投影系统重现烽火传奇，文化街区的行进式演艺《梦回长城·八方来鹤》则借全息技术与杂技武术，将戍边史诗凝成流动的星河。居庸关以月为灯，让箭楼蝶影与激光共舞。山海关更将古城墙垣化为时空隧道，少年提灯夜探时，指尖抚过的不只是砖石，更是茶马互市的驼铃与将军夜引弓的弦音。

长城的时尚活力

长城就像一位老顽童，尽管年岁已高，跟年轻人在一起却总能玩出新花样。它既能穿上中式长衫，为我们展示何为古朴典雅；也能换上现代科技的霓裳，大放异彩。这样的长城吸引着全世界好奇与倾慕的目光，也迎来了一批又一批的八方来客。

第六章

守护万里长城：赓续中华文脉

Preserving the Great Wall's Legacy, Sustaining the Cultural Continuity of China

新时代，新征程，怎么才能让古老长城绽放崭新生机呢？长城国家文化公园这一重大工程的应运而生，为这个问题提供了答案。

但你知道长城国家文化公园是什么吗？和长城是一码事吗？它是个公园吗？好不好玩？那么接下来，就让我们一起走进长城国家文化公园吧。

1. 擦亮长城世界文化遗产『新名片』

2. 走进长城国家文化公园

3. 长城无界,『云』游无限

4. 情系中华,共筑长城梦

5. 走向世界的『新』长城

1. 擦亮长城世界文化遗产"新名片"

擦亮长城世界文化遗产"新名片"

Revitalizing the Great Wall's Image as a World Cultural Heritage Symbol

长城从历史中走来，而今又闪耀着光辉，走入了历史发展的新时代。在漫长的历史长河中，古老长城见证了中国的繁荣与沧桑，是我们中华民族最重要的代表性符号和文化性标识。随着时代的进步，现代长城则被赋予了新的内涵与外延，长城国家文化公园应运而生。

2019年7月，《长城、大运河、长征国家文化公园建设方案》的通过标志着长城国家文化公园建设工作正式启动了。这标志着长城将以国家文化公园的形式，肩负起凝聚弘扬民族精神，展示国家文化形象和推动中华优秀传统文化创造性转化、创新性发展的历史新使命。

赓续中华文脉

吴闻野

6岁 绘

围绕"万里长城"这张耀眼的名片,中国正用心绘制一张宏伟蓝图,多个国家重点项目如繁星点点,通过四类主体功能区串联起保护与发展的桥梁。这是一场关于长城的华丽变身,让它不再只是历史的守望者,而是被赋予了新的生命。从管控保护到主题展示,从文旅融合到传统利用,四类主体功能区如同长城的四色丝带,装点出它新时代的模样。而"1 带、18 段、26 区、多点"的空间布局,就像是长城在现代的地图密码,等待着我们去探索、去体验。这一切,不仅仅是对长城的守护与传承,更是向世界展示的新中国符号。这座新时代的"新长城",既是对过往的致敬,也是对未来的期许,它激励着我们传承文化精髓,勇于创新,为构建人类命运共同体的美好愿景,贡献属于中国的独特魅力与智慧。

此刻,当我们再度踏上长城,眼前铺展开的是一条缤纷的文化彩带——长城国家文化公园。它巧妙地将京畿的庄重、燕赵的豪迈、秦晋的深邃、齐鲁的儒雅、西域的神秘、西北的粗犷和东北的热情串联起来。一条"万里长城"核心形象带正鲜明立体地勾勒出古老长城的文化脉络,18 个"万里长城"形象标识段正大气磅礴地展示着现代长城的大国气韵,26 个"万里长城"形象标识区正成为具有代表性标志性的国家文化名片,多个"万里长城"形象标识点为长城文化景观锦上添花。走进新时代长城国家文化公园,古老城墙依旧巍峨,烽火台仍高高矗立。漫步青砖石阶,耳边仿佛回响着戍边将士的呐喊,指尖抚过斑驳砖石,千年故事在风中流转。如今的长城,早已不只是历史的回响——黄崖关下,两岸青年共绘彩墙,将乡愁与豪情融入城砖;蓟州古道上,非遗市集飘出烟火气,剪纸艺人剪出新版"长城飞虹";夜色中的八达岭,数字光影秀让烽火化作星河,孩子们举着 AR 设备寻找"长城守夜人"的虚拟信笺。这座活着的博物馆,正以研学课堂、文创工坊、沉浸剧场等新形态,让每个人都能亲手触摸历史的温度,见证古老巨龙从防御屏障蜕变成文明对话的纽带。

2. 走进长城国家文化公园

走进長城國家文化公園

Exploring the Great Wall National Cultural Park: A Refined Experience

那"长城国家文化公园"是不是就是新时代"长城"的一种叫法罢了？当然不是。长城国家文化公园并非长城的某个限定版本，两者在概念、范围、时间尺度及主要功能上有着各自的"特定性"。咱们先搞懂两个概念。"长城"主要包括防御工事、军事战略、文化交流和自然风光观赏，它是我们国家的历史象征和世界重要的文化遗产，代表着中华民族的坚强、勇敢和骄傲。而"长城国家文化公园"则更注重于保护传承、研究发掘、环境配套、文旅融合、数字再现等方面，它是我们新时代的文化工程，是我们传承和弘扬中华优秀传统文化的重要载体和时代任务。

让我们明确两个关键概念。首先，"长城"不仅是防御工事和军事战略的象征，还承载着文化交流与自然风光观赏的功能，是国家的历史标志和世界文化遗产。而"长城国家文化公园"则侧重于文物保护、研究挖掘、文化传承、旅游与科研等多方面，是新时代传承和弘扬中华优秀传统文化的文化工程。

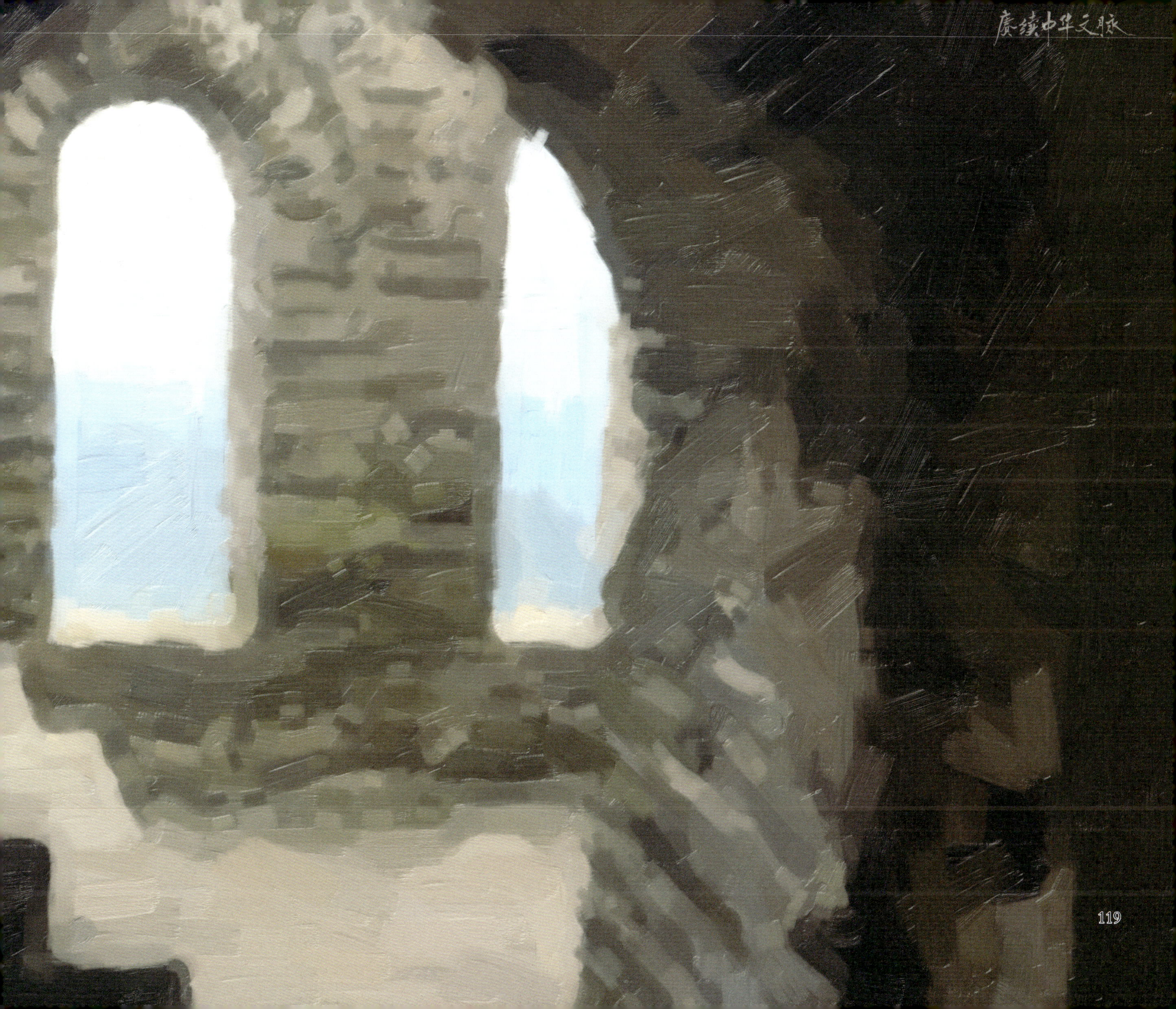

:::具体到空间范围，"长城"像一条盘踞中华大地的名副其实的巨龙，横跨了 15 个省（自治区、直辖市）。而"长城国家文化公园"，则是这条沉睡巨龙苏醒舒展开来的"生命画卷"——它不再只是静默的古迹，而是以长城遗产廊道为轴线，串联起沿线的古城、雄关和小镇。烽火台变身游客打卡点，城墙脚下开起历史课堂，数字技术让斑驳的砖石会"说话"，千年光影故事在城墙上重新流淌。

在时间尺度上，"长城"跨越了 2000 多年历史，见证了中华民族的变迁。而"长城国家文化公园"则是 2019 年提出的新时代产物，旨在保护和利用长城资源，弘扬中华优秀传统文化。因此，"长城"代表历史，"长城国家文化公园"则彰显现代。

当然，两者在主要功能上的差异才是最本质和关键的。"长城"在历史上主要承担防御和交通功能，保护国家并连接不同民族。而"长城国家文化公园"则在现代社会中发挥着更多的文化和经济作用，包括推动文物保护、研究挖掘、文化传承、数字再现以及文化和旅游融合发展等。它不仅是我们国家的文化瑰宝，也是经济和社会发展的强大动力。

显然，与"长城"相比，"长城国家文化公园"不仅是对历史文化的传承与弘扬，更是推动地方经济社会发展的强大引擎。它促进了基础设施的完善，如同织就一张细密的网，将长城与城市各个角落之间的联系紧密相连。宽阔的道路、便捷的交通网络、现代的通信设施……这一切的随之完善，更为城市的持续、健康发展奠定了坚实基础。同时，长城国家文化公园的建设也极大地提升了城市形象，无论是慕名而来的游客还是生于斯长于斯的居民，都被"新的长城"所吸引。在这个浩大的国家文化工程中，我们既是见证者，也是建设者，更是受益者。

简单来说，长城是中华民族的瑰宝，而长城国家文化公园，则是在这一历史文化遗产的基础上构建的一座新时代的文化殿堂。长城国家文化公园的建设，除了能够更好地保护和管理长城，还丰富了沿线城市的文化内涵，更为地方的经济社会发展注入了新的活力。

如果把长城比作一位沉默却威严的老者，历经千年风雨，见证了无数烽火硝烟，用他的身躯诉说着中华民族世代的坚韧与智慧；那长城国家文化公园，就像是一个充满活力与梦想的少年，他倾听着老者的故事，并靠自己的双手让家园更美丽。长城与长城国家文化公园，一老一少，一静一动，他们相互依存，共同书写着中华文化传承与发扬的壮丽篇章。

3. 长城无界，"云"游无限

The Great Wall Without Limits: Boundless Virtual Exploration

　　长城，作为我国历史悠久的文化遗产，每年都吸引着海内外众多游客前往游览。而如今，长城国家文化公园建设过程中，各地积极运用了三维建模、虚拟现实、人机互动等数字技术手段，为游客带来全新的"云游长城"体验，人们可以在云端游历长城，感受数字化带来的便利和趣味。

在对长城文物本体的数字化方面，借助三维扫描、数字建模和虚拟现实技术，我们可以看到数字化复原的长城遗址和建筑结构。例如，在内蒙古松山新边长城文化数字化复原项目中，就对新边索桥堡、三眼井堡、永泰龟城等 3 个古代堡寨进行了立体、逼真的数字化展示，复原过程全面参数化，测量精度达到毫米级，让我们能够更加直观地了解长城的结构和细节，在云端就能够近距离地观赏长城的壮美雄姿。

长城国家文化公园还注重文化资源展陈的数字化。通过数字文献、数字图书馆、数字博物馆等技术，游客可以进入虚拟的长城世界，体验古代戍楼守卫、烽火传递等场景，深入了解长城的历史文化内涵、文化价值和影响。例如，长城资源数据库收录了长城沿线的各类资源遗存，共计 43721 处（座 / 段）。

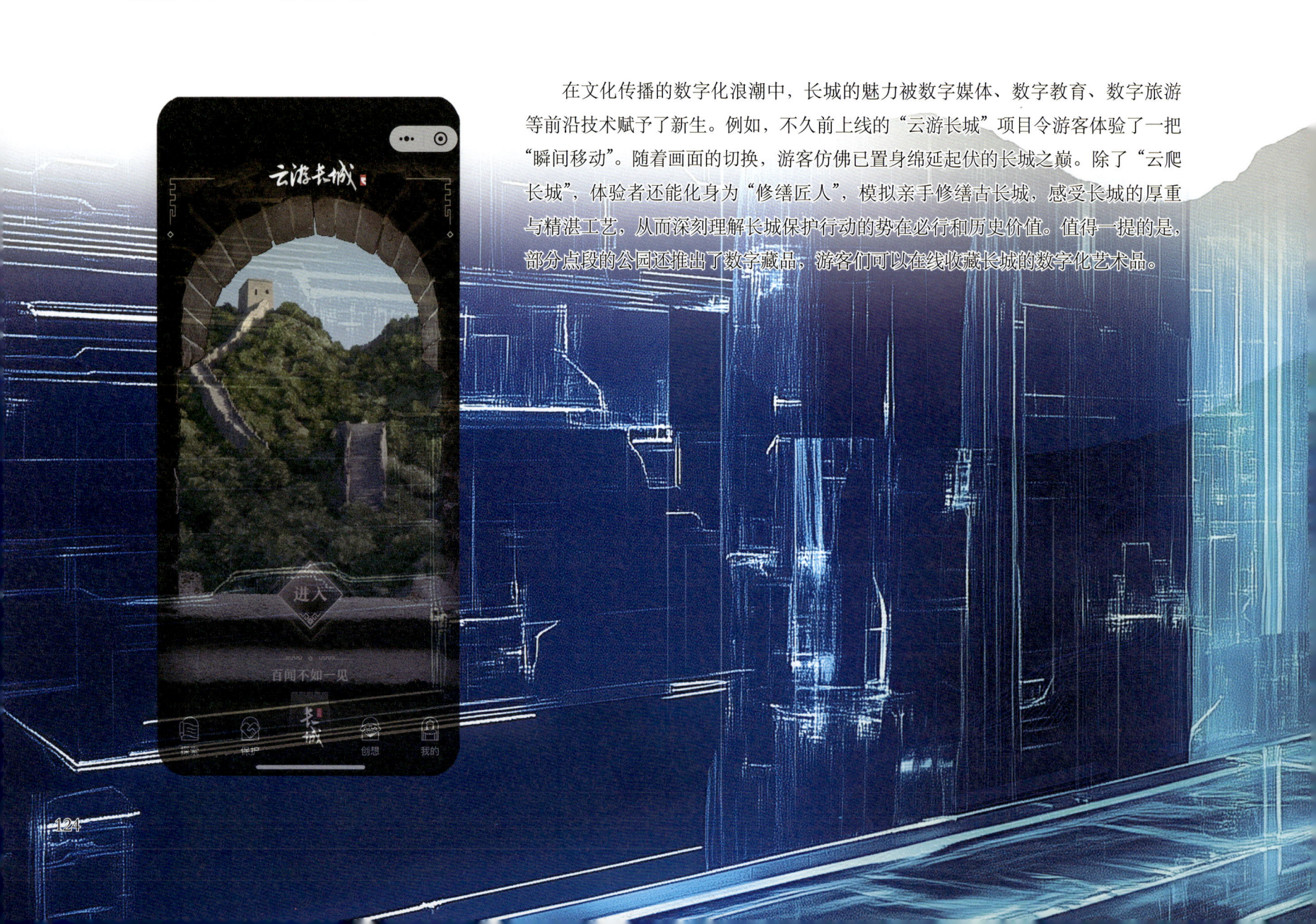

在文化传播的数字化浪潮中，长城的魅力被数字媒体、数字教育、数字旅游等前沿技术赋予了新生。例如，不久前上线的"云游长城"项目令游客体验了一把"瞬间移动"。随着画面的切换，游客仿佛已置身绵延起伏的长城之巅。除了"云爬长城"，体验者还能化身为"修缮匠人"，模拟亲手修缮古长城，感受长城的厚重与精湛工艺，从而深刻理解长城保护行动的势在必行和历史价值。值得一提的是，部分点段的公园还推出了数字藏品，游客们可以在线收藏长城的数字化艺术品。

无论是观赏数字化长城景观，还是体验虚拟现实场景，或是参与虚拟现实互动，都为我们打开了一扇了解长城、感受长城的新窗口，让我们能更好地传承和发扬长城的历史文化，激发对文化遗产的保护意识，吸引更多的人参与到长城的保护和传承中来。

4. 情系中华，共筑长城梦

情系中華，共築長城夢

Rooted in the Soul of China,
Together We Weave the Dream of the Great Wall

万里长城是中华民族的脊梁，凝结着儿女的汗水与智慧，是中国最具代表性的古建筑，无论是"秦筑长城比铁牢"的诗句，还是"万里长城永不倒"的歌谣，都体现了长城在中国人心目中的分量，早已经超越了砖石堆砌的建筑本身，更承载着厚重的历史、不灭的希望和勇往直前的中华魂。然而，风吹雨蚀、年久失修让古长城现状存忧。

但古长城保护何其容易？岁月悠悠，风雨侵蚀，仅仅这些自然老化便已是考验重重。加之其"世界上规模最大的单体线性文化遗产"的身份，且多数段落身处偏远野外，更是加大了保护的难度。长城，这道曾经的边关防线，见证了历朝历代戍边将领的英勇与忠诚，他们倚靠着万里长城，书写了保家卫国的壮丽诗篇，正所谓一堵城墙万里、横卧雄兵百万。但长城屹立在那里，中国的根和魂就在，所以无论面临多大的困难，无论投入多少资源，保护长城都是一项刻不容缓的任务，因为它关乎中国历史的传承、中国文化的延续，以及无数珍贵文物的守护。

1984年7月,"爱我中华 修我长城"活动由《北京晚报》《北京日报》、八达岭特区办事处等单位联合发起,通过社会集资修复长城,活动得到了举国上下的支持,成为长城保护史上的重要里程碑。海内外各界人士、长城沿线城市都积极参与进来,推动了八达岭、慕田峪、金山岭等地长城的修复进程。长城历史上的众志成城在那一刻又再现了,令人动容。

四十年间,人们保护长城的热情日渐高涨。自2016年起,在国家文物局指导下,中国文物保护基金会携手腾讯公益慈善基金会,合作设立长城保护公益专项基金,并发起"保护长城,加我一个"公募项目,吸引了38万余人次参与,向社会公开募集资金7000余万元,支持了一批长城保护修缮项目。越来越多的人还以长城保护员、长城志愿者等身份,深度参与到长城保护事业中来。

新时代,我国保护长城的努力从未松懈,长城国家文化公园的建设正致力于系统性地加强长城的保护与修复工作,提升每个公民对长城历史文化的认识,通过科学管理和合理规划,有效应对自然侵蚀和人为破坏,为长城的永续传承奠定坚实基础。为此,我们实施了一系列文化和文物资源保护工程,如长城文化和文物资源保护传承、长城精神文化研究发掘等重大项目。这些努力不仅让长城文物考古工作顺利进行,也让长城文化传承更加生机勃勃,为世界文化遗产保护提供了宝贵的"中国经验"。

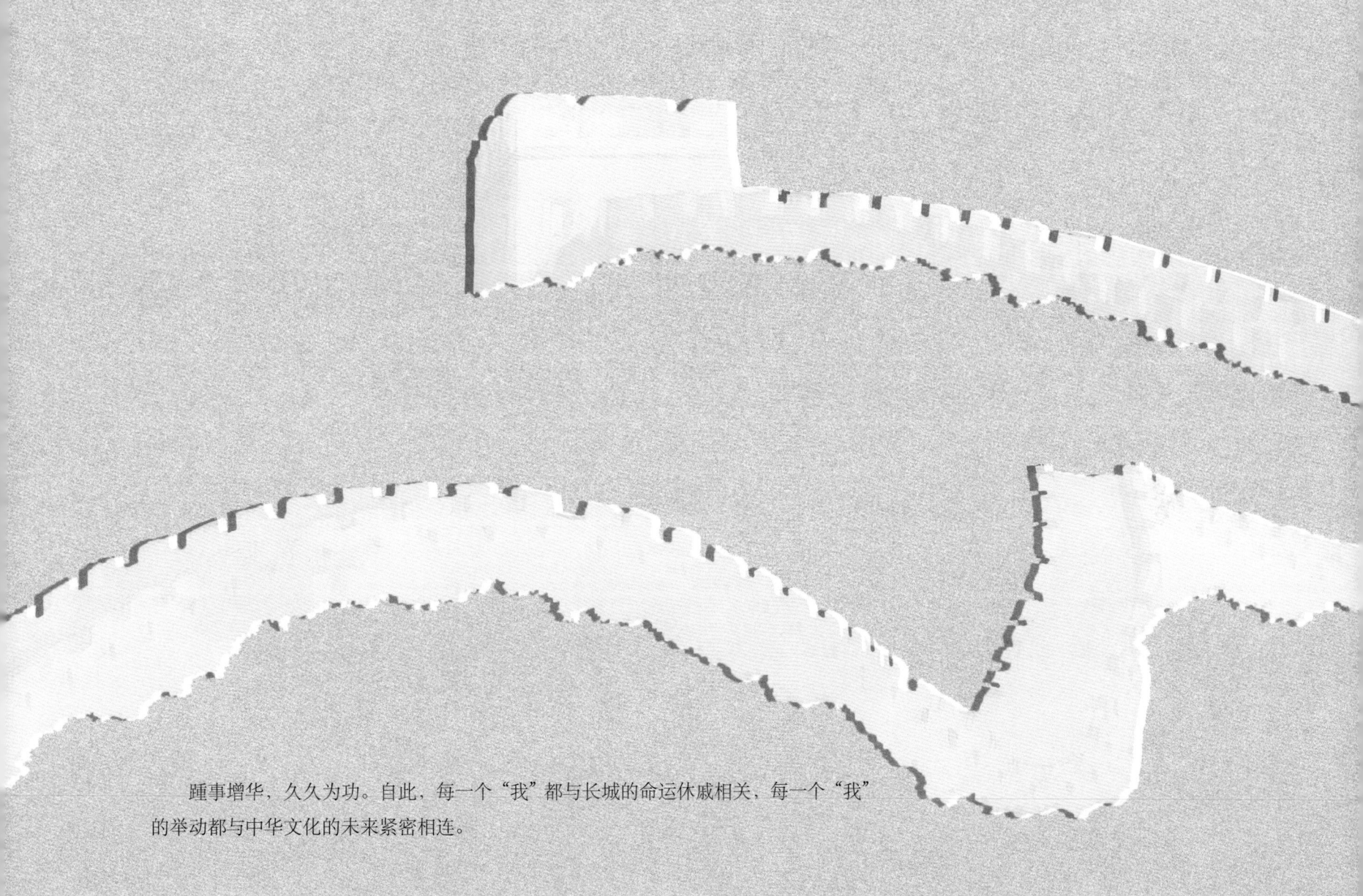

踵事增华，久久为功。自此，每一个"我"都与长城的命运休戚相关，每一个"我"的举动都与中华文化的未来紧密相连。

5. 走向世界的"新"长城

走向世界的"新"长城

The Great Wall Embarks on a Global Journey:
A New Chapter of Cultural Influence

长城，这座穿越了千年时光的古老建筑奇迹，见证了中华民族从古老到现代、从封闭到开放的非凡旅程。它如同一座桥梁，连接着中国与世界，让世界感受到中国文化的温度和新气象，也加深了各国人民之间的深厚友谊和相互理解。如今，随着长城国家文化公园的建设推进，长城正以全新的面貌，成为展示中华文化的重要窗口，吸引着全球的目光。

在科技的加持下，通过 3D 建模和虚拟现实技术，世界各地的人们通过手机便可一睹长城的壮美景象，不少外国小伙伴都惊叹："这简直太酷了！"不仅如此，长城国家文化公园还举办了许多丰富多彩的国际文化交流活动。比如 2023 "一带一路"长城国际民间文化艺术节，世界各地的艺术家和学者都慕名而来，他们在这里展示才艺，交流心得的同时，还欣赏了精美绝伦的非遗展、品尝了垂涎已久的长城美食、感叹于巧思妙想的长城技艺，总之是一场"当长城遇见丝路"的盛大派对。

走向世界的『新』长城

　　长城与欧洲文化遗产的互动持续深化。例如，北京八达岭长城与英国哈德良长城通过联合展览、学术研讨和文旅合作，探索古代防御工程的共性与差异；中国与意大利开展的"长城—罗马斗兽场数字对话项目"，以数字技术再现两大遗产的建造智慧。这些交流不仅彰显了文明互鉴的永恒魅力，更让跨越山海的文化友谊之舟行稳致远。

　　在长城国家文化公园的建设中，各地还结合自身特色，打造了许多长城主题的节庆活动。比如北京和张家口，借2022冬奥会这一"长城脚下的奥运会"，将长城与体育赛事相结合，让游客在体验长城美景的同时，还能享受运动的激情与畅快。

与此同时，我们也通过线上线下平台，向全世界展示真实、立体、全面的中国形象。比如中央广播电视总台前有《江山壮丽——我说长城》节目，讲述了山西、甘肃、河北等多地的长城故事，记录了国际友人与长城之间的感人瞬间，这些故事在国际上赢得了众多粉丝，也让更多青少年朋友对长城产生了浓厚的兴趣。后又推出了《长城之歌》纪录片，该片通过"奇迹""生存""秩序""交融""脊梁""永续"六个主题，以全球视野、全新维度领略长城代表的人类文明奇迹，探寻长城隐含的中华文明密码，品读中国人精神史诗的长城篇章，饱览长城国家文化公园的壮阔美景。

何以中国，何以文明，长城作答。在长城的每一寸砖石间，我们都能感受到那股不屈不挠的力量，它推动着我们在人生的道路上勇往直前，追寻着那份属于自己的光芒，书写着属于我们的传奇篇章。

参考资料

一、书籍
帝都绘工作室 著. 长城绘. 北京：北京联合出版公司，2019
景爱 著. 中国长城史. 上海：上海人民出版社，2006
司马迁 著. 韩兆琦 译注. 史记（全9册）. 北京：中华书局，2016
吴若山 著. 国家文化公园研究：从理论到实践. 北京：人民出版社，2024

二、期刊论文
俞同奎. 谈万里长城. 文物参考资料,1956,(06):66-72.
罗哲文. 万里长城的历史变迁与当代保护. 中国文物报,2010-03-12(5).
威廉·林赛. 戚继光与明长城. 故宫博物院院刊,2014,(3):89-95.
田林，卜颖辉. 长城：绵延万里的文化记忆. 炎黄春秋,2022,(01):48-54.
武凤珠. 40年"众志成城"保护长城薪火传承——访中国文物学会副会长舒小峰. 人民周刊,2024(2):34-37.

三、网络资料
中国长城遗产网：http://greatwallheritage.cn
中国政府网：https://www.gov.cn
中华人民共和国文化和旅游部网站：https://www.mct.gov.cn
国家文物局：《中国长城保护报告》：http://www.ncha.gov.cn/art/2016/11/30/art_1946_135711.html
故宫博物院：卫所制度 https://www.dpm.org.cn/court/event/236399.html
河北省人民政府：http://www.hebei.gov.cn
陕西省地方志网站：http://dfz.shaanxi.gov.cn
环球网：《发现亚欧大长城》https://china.huanqiu.com/article/41FIHHA1yw0
京报网：春秋战国时代的长城 https://news.bjd.com.cn/2024/03/17/10723235.shtml
北京旅游网：金山岭长城 https://www.visitbeijing.com.cn/article/4CzD4DavqHq